Goran Rajović
Jelisavka Bulatović

Mobilidade da população no Montenegro; Tráfego no Nordeste do Montenegro

Goran Rajović
Jelisavka Bulatović

Mobilidade da população no Montenegro; Tráfego no Nordeste do Montenegro

ScienciaScripts

Cover image: www.ingimage.com

This book is a translation from the original published under ISBN 978-3-330-65216-3.

Publisher:
Sciencia Scripts
is a trademark of
Dodo Books Indian Ocean Ltd. and OmniScriptum S.R.L publishing group

120 High Road, East Finchley, London, N2 9ED, United Kingdom
Str. Armeneasca 28/1, office 1, Chisinau MD-2012, Republic of Moldova, Europe
Printed at: see last page
ISBN: 978-620-8-36057-3

Goran RAJOVIC e Jelisavka BULATOVIC

MOBILIDADE INTERNA E EXTERNA DA POPULAÇÃO NO MONTENEGRO E SUSTENTABILIDADE DO TRÁFEGO NO NORDESTE DO MONTENEGRO

Scholars Press, 2017.anos

NOTAS

O livro é composto por duas secções. No Capítulo I abordamos os aspectos geográficos do estudo Mobilidade Interna e Externa da População de Montenegro na Segunda Metade do Século XX e Início do Século XXI com Foco nos Problemas da Pesquisa Migratória. O segundo capítulo aborda a sustentabilidade do tráfego no nordeste de Montenegro vista com valorização aceita das condições naturais com foco nas caraterísticas morfométricas do terreno.

CAPÍTULO 1

Mobilidade interna e externa da população de Montenegro na segunda metade do século XX e no início do século XXI, com destaque para os problemas da investigação sobre migração.

PREÂMBULO

Nos últimos dois anos, a migração tornou-se um tema de debate e análise muito quente, uma vez que é uma componente cada vez maior da sociedade contemporânea. Para enfatizar Borkert et al (2006), existem claramente muitas abordagens diferentes para examinar as múltiplas realidades da migração na Europa e, através da reflexão qualitativa de uma série de disciplinas das ciências sociais, pretendemos explorar e reunir algumas dessas abordagens. Neste sentido, de acordo com Borkert et al (2006), vale a pena considerar o conselho de Norman Denzin e Yvonna Lincoln (1994): "A investigação qualitativa, enquanto conjunto de práticas interpretativas, não privilegia uma metodologia única em detrimento de qualquer outra. Enquanto local de discussão, ou discurso, a investigação qualitativa é difícil de definir claramente. Não tem uma teoria, ou paradigma, que seja distintamente seu. (...) A investigação qualitativa também não tem um conjunto distinto de métodos que sejam inteiramente seus". De acordo com Thet (2014), "a migração é o movimento de pessoas de um local para outro e está amplamente associada à mudança de local de residência permanente. As razões da migração são as disparidades inter-regionais e intra-regionais a nível macroeconómico e, fundamentalmente, a falta de oportunidades de emprego que resulta num baixo nível de vida entre diferentes grupos socioeconómicos a nível microeconómico. Existem dois tipos de migração: a migração interna e a migração internacional. A migração interna é o movimento de pessoas de um local para outro num determinado país". A este respeito, Ajaero e Onokala (2013) alegam que "a migração rural-urbana resulta da procura de oportunidades reais ou sentidas como consequência da desigualdade rural-urbana em termos de riqueza. Esta desigualdade e/ou preconceito urbano no desenvolvimento, de acordo com os resultados da investigação ao longo dos anos, resulta da concentração esmagadora da riqueza, dos activos, da capacidade de compra, das actividades económicas e da variedade de serviços nos centros urbanos, bem como da negligência e degradação contínuas dos ambientes ou zonas rurais". A migração também foi identificada, de acordo com Ajaero e Onokala (2013), como uma estratégia de sobrevivência utilizada pelos pobres, especialmente os habitantes das zonas rurais. A avaliação dos efeitos da migração nas zonas rurais continua a ser relevante, uma vez que a migração actua como um catalisador no processo de transformação não só do destino dos migrantes individuais, mas também das condições dos membros da família deixados para trás, das comunidades locais e das regiões de origem mais alargadas. "A migração internacional é o movimento de pessoas de um país para outro com o objetivo de encontrar emprego, estabelecer residência ou melhorar o nível de vida. Vários académicos estudam a migração com diferentes objectivos. Os sociólogos têm dado ênfase às consequências sociais e culturais da migração. Enquanto os geógrafos se debruçaram sobre o significado da migração em termos de tempo e distância, os economistas destacam o aspeto económico da migração...^^ (Tlιet,2014). Neste artigo, preocupamo-nos com os aspectos geográficos do estudo da migração.

ÍNDICE DE CONTEÚDOS

Resumo. Este artigo analisa a mobilidade espacial regional da população do Montenegro de 1948 a 2011. O objetivo do texto é determinar as caraterísticas básicas da mobilidade interna da população e indicar as desigualdades regionais. A análise mostra que, no Montenegro, se registam migrações definitivas e temporárias entre os municípios, bem como as suas tendências ao longo do tempo e a mudança de intensidade. O aumento da mobilidade da população é expresso na região central e costeira do Montenegro. Pode concluir-se que a abertura económica e política da antiga Jugoslávia no início dos anos sessenta e a elevada procura de mão de obra nos países da Europa Ocidental conduziram a uma nova e maciça migração laboral. Tratava-se de migrações económicas e laborais com um carácter proclamadamente provisório. O documento indica um dos problemas no estudo da migração e salienta que ainda não existe um conjunto de teorias e abordagens claras e dominantes que ajudem a dar sentido a este fenómeno complexo criado.

Palavras-chave: Montenegro, região, população, migração interna, migração externa.

1. Considerações introdutórias

"O fenómeno da migração está no centro das preocupações dos responsáveis pela política económica e dos académicos. Em comparação com a migração interna, a mobilidade internacional continua a ser muito limitada. Com efeito, ao mesmo tempo que a migração internacional está a expandir-se, continua a observar-se uma maior mobilidade interna, embora esta não tenha atraído tanta atenção como a migração internacional. Este facto pode ser explicado, em parte, pela falta de dados estatísticos relacionados (Skeldon, 2009; Bao et al , 2007). No entanto, esta lacuna tem sido observada desde há alguns anos, em países desenvolvidos, países em transição e países em desenvolvimento, e atualmente há uma emergência de interesse pela migração interna (White, 2009; Ackah e Medvedev, 2012; Mberu, 2005; Mitra, 2010; Knight e Gunatilaka, 2010; Switek 2016)" (Kiuma et al, 2015).

A migração interna representa, de acordo com Moch (2011), um meio primário de transferência cultural na história, através do qual pessoas, bens e ideias se deslocaram de uma região para outra. Embora o movimento através das fronteiras internacionais receba muita atenção, a maior parte da mobilidade humana ocorreu dentro ou entre regiões do mesmo Estado, uma vez que as pessoas trouxeram o seu trabalho, hábitos, ideias, riqueza material e noções culturais da sua aldeia ou cidade natal. Este artigo baseia-se em materiais do Montenegro, mas os temas e as conclusões são aplicáveis fora do Estado-nação.

Tal como salientado por Molloy et al (2011), referindo-se aos estudos de Bachmura (1959), Harris e Todaro (1970) e à bibliografia anotada de 1200 artigos de Price e Milanie (1975), há mais de um século que economistas, geógrafos e outros cientistas sociais se interessam pela migração. Nas primeiras décadas do século XX, um tema de interesse frequente era o movimento das zonas rurais para as zonas urbanas. Os investigadores começaram a concentrar-se nos factores determinantes da migração - descrevendo quem se desloca e porquê - e a analisar os efeitos equilibradores dos migrantes nas economias locais, conforme discutido na útil visão geral da literatura de Greenwood (1997)" (Molloy et al, 2011).

Rees et al (2016), citando a investigação de Bell et al (2013), Bell et al (2013), Daras (2014), Stillwell et al (2014), Bell et al (2014), Bell et al (2015), sublinha que um repositório de dados sobre migração interna, reunido no âmbito do projeto Internal Migration Around the GlobE (IMAGE), estabeleceu agora a base das estatísticas sobre migração interna e população necessárias para fazer avançar esta agenda. Com base num inventário de recolhas de dados sobre migração para 193 Estados membros das Nações Unidas, uma equipa internacional de investigadores reuniu dados sobre migração interna que abrangem 135 países e construiu uma plataforma de software personalizada, o IMAGE Studio, para calcular múltiplos indicadores de migração utilizando geografias flexíveis. Os artigos exploraram questões metodológicas e efectuaram comparações transnacionais das intensidades globais da migração interna.

Dado que o Montenegro é o objeto da nossa investigação, de acordo com a MMWD - Making Migration Work for Development (***), a migração interna da população do Montenegro tem sido muito intensa nas últimas duas décadas. As principais razões para a migração interna são as melhores condições de vida e de negócios. A migração interna no Montenegro caracteriza-se principalmente pela migração de zonas rurais para zonas urbanas. Os residentes rurais enfrentam uma série de desafios associados a uma menor densidade populacional, a distâncias mais longas para os utilizadores e prestadores de serviços e à falta de economias de escala para os prestadores de serviços de saúde. De facto, as cidades e outros locais urbanos no Montenegro são os principais centros de desenvolvimento económico e social. Os migrantes internos instalam-se nas regiões urbanas em busca de emprego, sobretudo nos sectores do turismo e da construção.

Os registos da nossa investigação, baseados na investigação semelhante de Vukovic (2005), sugerem que a procura de emprego se baseou na migração externa no Montenegro e que o seu âmbito, intensidade e direção foram concebidos e dirigidos por decisões políticas. Os movimentos maciços da população com o objetivo de obter "emprego temporário no estrangeiro" começaram no início dos anos sessenta do século XX, em direção aos países da Europa Ocidental, enquanto a forma até então dominante de migração para países ultramarinos diminuiu significativamente. No início dos anos noventa do século passado, esta era a forma básica de emigração do Montenegro, graças aos acordos bilaterais entre a ex-Jugoslávia e os países receptores, que necessitavam de mão de obra adicional, geralmente não qualificada e semi-qualificada. Com o início dos conflitos bélicos na ex-Jugoslávia, o carácter, a intensidade e, em certa medida, a direção dos movimentos migratórios do Montenegro mudaram abruptamente. Nomeadamente, a estrutura educativa dos imigrantes alterou-se graças ao grande número de imigrantes altamente qualificados que, devido ao colapso económico e político, foram obrigados a abandonar o país. Infelizmente, não existem estimativas oficiais sobre a população do Montenegro; só é possível tirar conclusões indirectas com base nos dados dos países receptores.

2. Metodologia de investigação

O estudo das migrações é, de acordo com DeTona et al (2010), um tema proeminente nas ciências sociais desde a década de 1960. A sua relevância foi comprovada e reforçada nos anos mais recentes com a aceleração, globalização e diferenciação da migração internacional (Castles e Miller, 2003). Ao considerar a relação entre a migração e o desenvolvimento num contexto político, Hickey et al (2013) concluíram que "uma questão fundamental deve ser mantida à frente e no centro, nomeadamente: porque é que as pessoas estão a migrar e em que circunstâncias? Por outras palavras, por que razão existem geografias de desenvolvimento desiguais, que criam as condições da migração contemporânea, a nível local, nacional, regional e global (e como estão relacionadas) e, fundamentalmente, que papel desempenha a política de desenvolvimento, tal como tem sido promulgada historicamente, na criação e recriação destas relações de desigualdade e na produção de pobreza? Para fazer avançar as análises políticas para além das avaliações a curto prazo, e muitas vezes de vistas curtas, da "eficácia" de determinados programadores e iniciativas, os académicos devem interrogar as estruturas subjacentes que estão a produzir as desigualdades geográficas e que contribuem para os padrões emergentes da migração no mundo atual" (ver Skeldon, 2008;

Raghuram, 2009; de Haas, 2010; Asis et al, 2010). No entanto, incluindo a investigação de Castles e Miller (2003) e Castels (2007), destaca DeTona et al (2010) que ainda não dispomos de um conjunto de teorias e abordagens claras e dominantes que ajudem a dar sentido a este fenómeno complexo. Neste contexto, a migração tem-se preocupado, em grande medida, em formular e conceber teorias adequadas e, muitas vezes, concorrentes entre si. Muito menos estruturado e crítico tem sido o envolvimento com questões metodológicas e a procura de métodos adequados e sofisticados. Além disso, devido à natureza diversa das disciplinas e das tradições académicas europeias envolvidas, é necessário analisar criticamente as consequências das escolhas metodológicas no processo e nos resultados da investigação.
Alguns princípios metodológicos básicos para uma geografia crítica da migração incluem estudos interdisciplinares e comparativos que podem aumentar a sensibilização para tendências gerais e abordagens alternativas. À luz desta diversidade contemporânea, vários académicos procuraram reunir diferentes perspectivas disciplinares da geografia, sociologia, antropologia, política e economia (Bommes e Morawaska, 2005; Breteel e Hollifield, 2000).

De acordo com Borkert et al (2006), isto significa que as diferentes abordagens de investigação estão a ser cada vez mais consideradas em conjunto. Existe, em suma, um reconhecimento crescente de que questões ostensivamente semelhantes podem ser analisadas e discutidas de formas diferentes, mas que, devido ao facto de a migração se ter tornado tão fragmentada, existe uma necessidade simultânea de os académicos aproximarem as suas diferentes perspectivas disciplinares e nacionais. O seu trabalho levou ao desenvolvimento de uma série de métodos de trabalho no terreno para investigar questões sociais específicas, muitas das quais relacionadas diretamente com a vida quotidiana dos migrantes e com os problemas que enfrentavam (Blaumeiser, 2001; Bohnsack, 1999; Denzin e Lincoln, 1994; Kleining, 1995).

Esta edição foi compilada por membros da rede HERMES (European Researchers in Migration and Ethnic Studies): uma organização europeia sem fins lucrativos que reúne investigadores de migração de toda a Europa no início das suas carreiras académicas. Os membros da HERMES estão sediados em numerosos países europeus e têm diversas origens nacionais e disciplinares. A organização funciona como uma rede de discussão transnacional e transdisciplinar, permitindo que os membros partilhem conhecimentos e competências de um vasto leque de países e áreas temáticas. O objetivo do HERMES é fazer avançar a nossa compreensão da migração europeia, ultrapassando as fronteiras nacionais e disciplinares que historicamente têm enquadrado a investigação social. Neste sentido, o HERMES também pretende divulgar os resultados a audiências internacionais, de uma forma que tanto se adapte como desafie os canais tradicionais de comunicação académica (Borkert et al, 2006). Neste sentido, de acordo com Borkert et al (2006), vale a pena considerar. O conselho de Denzin e Lincoln (1994): "A investigação qualitativa, enquanto conjunto de práticas interpretativas, não privilegia uma metodologia única em detrimento de qualquer outra. Enquanto local de discussão, ou discurso, a investigação qualitativa é difícil de definir claramente. Não tem uma teoria, ou paradigma, que seja distintamente seu. (...) A investigação qualitativa também não tem um conjunto distinto de métodos que sejam inteiramente seus". Todo o volume de informação deste artigo foi obtido através de métodos específicos para a investigação selectiva, respeitando todas as suas fases do ponto de vista metodológico: identificação da questão investigada, delimitação do quadro de investigação, recolha de informação, tratamento dos dados, análise e interpretação, elaboração das conclusões. A pesquisa desempenhou também um papel importante no artigo, que consistiu, por um lado, na identificação de outros estudos e artigos sobre o mesmo tema e, por outro, no tratamento de alguns dados estatísticos. Assim, as fontes de informação utilizadas podem ser classificadas em fontes governamentais (estatísticas, ministeriais e de institutos de investigação) e em fontes não governamentais (publicações independentes) (Krechetnikov et al ,2016; Rajovic e Bulatovic, 2016).

3. Análise e discussão

Como destacam Bonifazi e Heins (2000), Arru e Ramella (2003), Bonifazi (1999), que se relacionam com a investigação de Lamonica e Zagaglia (2013), conclui-se que, dos diferentes tipos de mobilidade, a migração internacional tem sido mais frequentemente o foco dos estudos, principalmente devido à sua grande visibilidade. Recentemente, os decisores políticos dos países europeus que registaram fluxos migratórios maciços, e que estão preocupados com o risco de desestabilização social causado pela presença de um número inesperadamente elevado de imigrantes, deram especial atenção a esta questão. Em contrapartida, os académicos e os decisores políticos têm-se concentrado de forma menos consistente na mobilidade interna, analisando a questão apenas durante os períodos em que esta se tornou aguda. Nos últimos anos, porém, os académicos voltaram a interessar-se pelos movimentos internos da população, que estão a ser reconhecidos como uma das dimensões básicas da sociedade e do seu funcionamento. Além disso, estão a ser considerados em conjunto com os movimentos internacionais, e não separados deles, uma vez que ambos os tipos de fluxos migratórios são influenciados pela globalização, que modifica os contextos socioeconómicos e as relações entre diferentes áreas geográficas a todos os níveis territoriais. De acordo com Lee (1969), autor da teoria da migração dos factores de atração e repulsão, "cada ato de migração envolve uma origem, um destino e um conjunto de obstáculos intervenientes". Lee (1969) divide os factores da migração em quatro grupos diferentes, o primeiro grupo envolve os factores que estão ligados à área de origem e o segundo grupo liga os factores à área de destino, o terceiro e o quarto grupo tratam dos factores intervenientes e dos factores pessoais. Lee explica que cada um dos quatro grupos tem numerosos factores que intervêm na escolha das pessoas de ficar ou sair da zona. Os grupos envolvem factores que tendem a atrair as pessoas para uma zona e factores que as afastam de outra zona. Karlsson (2008), recorrendo à investigação de Lee (1996), salienta que os factores são diferentes para cada migrante e que é difícil compreender todos os factores, embora estes tendam a ser inexactos. Os factores associados aos quatro grupos são diferentes devido aos juízos que os migrantes têm sobre a área de origem, pelo que os factores são mais bem definidos quando a decisão de migrar foi cuidadosamente reconsiderada. As imagens da área de destino são normalmente inexactas porque existe normalmente uma falta de conhecimento da área de destino. Além disso, há factores que só podem ser descobertos quando se vive lá. Lee explica que as emoções, os conhecimentos e a inteligência individuais de cada pessoa podem afetar o resultado da decisão de migrar ou não. Algumas pessoas precisam de razões mais convincentes para emigrar do que outras. Lee (1996) também explica que a migração pode ocorrer devido a diferentes fases do ciclo de vida, por exemplo, oportunidades de emprego, reforma e casamento.

"A geografia administrativa fornece um filtro muito grosseiro para analisar a evolução da população. Também sofre de contínuas mudanças de fronteiras que perturbam as séries cronológicas. Coombes et al (1982), Champion et al (1987) e Champion (1989) defenderam fortemente a adoção das regiões urbano-centrais como o quadro espacial adequado para estudar a evolução da população. O seu esquema divide, por exemplo, a Grã-Bretanha num conjunto de 281 Áreas Locais do Mercado de Trabalho (LLMAs) com base nos fluxos de ida e volta para os centros de emprego. A classificação LLMA reconhece três tipos de regiões funcionais: dominantes, sub-dominantes e independentes (ver Champion et al, 1987)" (Rees et al, 1996). Kakas e Bleka (2017), citando os investigadores Longino e Biggar (1982), indicam que a redistribuição da população não é um processo aleatório. Algumas regiões são preferidas a outras; consequentemente, os níveis de imigração podem variar de um local para outro. Do mesmo modo, as caraterísticas dos migrantes enquanto grupo não são idênticas às da população em geral que não migra. A migração é um processo seletivo, pelo que a redistribuição da população tem duas dimensões: (a) o número de migrantes, que inclui a dimensão e a direção dos fluxos migratórios e (b) as caraterísticas demográficas e socioeconómicas dos migrantes. Bradley et al (2008) afirmam que o envelhecimento das gerações do período do "baby boom" provocará um aumento significativo do número absoluto de migrantes idosos, uma vez que pressupõe uma taxa de mobilidade relativamente constante. Além disso, a migração de idosos pode ser um fator importante nas mudanças estruturais das comunidades de destino. Os países que há muito enfrentam os problemas do envelhecimento desenvolveram um método em que os idosos se tornam as pessoas envolvidas no desenvolvimento rural (económica e socialmente) (Murakami et al, 2008; Bleha et al, 2011)" (Kakas e Bleka, 2017). No entanto, ainda não chegámos a essa fase da investigação. Por conseguinte, apresentamos uma visão geral da desproporção da população do Montenegro a nível regional clássico.

É verdade que no período de 1948 a 2011 se registou uma grande desproporção na distribuição espacial da população do Montenegro. A região Norte do país (32,3 % do território do Montenegro) registou um declínio absoluto de 10.147 pessoas (13,13 %), a região Nordeste (20,6 % do território) diminuiu 14.167 (9,76 %). Por outro lado, a região central (35,6% do território) registou um aumento de 20 398 pessoas (7,79%) e, finalmente, a região costeira (11,5% do território) aumentou em 13 239 pessoas (9,82%) (Bakic e Mijanovic, 2006 & Serviço de Estatística do Montenegro - Monstat, 2012).

Quadro 1: Movimentos da população do Montenegro de 1948 a 2011.

	Recenseamento dos anos						
Território	1948.	1961.	1971.	1981.	1991.	2003.	2011.
Região Norte	77.305 (20.49 %)	93.652 (19.84%)	92.536 (17.47%)	83.775 (14.33 %)	75.394 (12.25 %)	67.244 (10.84 %)	67.158 (10.74 %)
Região nordeste	101.319 (26.86%)	124.336 (26.34 %)	137.509 (25.96 %)	145.193 (24.84 %)	143.198 (23.28 %)	127.635 (20.58 %)	128.031 (20.47 %)
Região central	128.759 (34.13 %)	170.449 (36.12 %)	202.708 (38.27 %)	239.571 (41 %)	261.756 (42.55 %)	279.419 (45.1 %)	282.154 (45.12 %)
Região costeira	69.806 (18.50 %)	83.499 (17.69 %)	96.851 (18.28 %)	115.771 (19.81 %)	134.687 (21.89 %)	145.847 (23.51 %)	147.923 (23.65 %)
Montenegro	377.189	471.894	529.604	584.310	615.035	620.145	625.266

Fonte: Sarovic (2012) de acordo com Bakic e Mijanovic (2006) e Serviço de Estatística do Montenegro - Monstat (2012).

Se os indicadores demográficos de base no Montenegro (ver os trabalhos Rajovic e Bulatovic, 2016) forem observados entre os dois últimos censos (2003 - 2011), então, de acordo com a "Estratégia de Desenvolvimento Regional do Montenegro para o período 2014 - 2020" (2014), no Montenegro vivem 620 029 habitantes em 2011, ou seja, mais 1,3 % do que em 2003. Do total da população (a região nordeste do Montenegro (Quadro 1) na nova classificação regional do Montenegro pertence à região norte) em 2011, o número mais elevado registou-se na região centro 293,509 (47,3 %), seguida da região norte 177,837 (28,7 %), enquanto a região costeira com o número mais baixo de população 148. 683 (24.0 %). No período inter-censitário, observou-se uma redução notória da população da região Norte, enquanto na região Centro e Litoral se registou um aumento. Estas alterações são causadas pelo movimento natural da população, bem como por um acentuado fluxo migratório dirigido do Norte para a parte central e costeira do Montenegro. De acordo com os dados de 2011, a população da região norte do Montenegro diminuiu 7,2 % e 2,37 %, respetivamente, em relação a 2003. Observando a região setentrional por municípios, o despovoamento é caraterístico de quase todos os municípios da região, especialmente dos municípios de Savnik, Pluzine, Kolasin, *Zabljak,* Mojkovac, Pljevlja, Andrijevica, com taxas de crescimento populacional de - 29 %, - 23 %, - 15,0 %, - 13,50 %, - 13,4 %, - 12,0 % e - 11,50 %, respetivamente, em 2011 em comparação com 2003. De todos os municípios da região norte, o único município de Rozaje registou um crescimento populacional positivo de 2,6 % em 2011. Por outro lado, durante o mesmo período entre os dois últimos recenseamentos, o número de habitantes da região Centro diminuiu para 5,8% ou 11,7%, respetivamente. O crescimento da população no período 2003-2011 foi registado em Podgorica (10,7%) e Danilovgrad (12,2%), enquanto nos outros dois municípios da região central se registou uma redução em Cetinje (-9,2%) e Niksic (2,7%). Na região costeira, de acordo com o recenseamento de 2011, a população aumentou 3,7%. O crescimento da população foi registado nos municípios de Budva, Tivat, Bar e Kotor, enquanto os municípios de Herceg Novi e Ulcinj enfrentaram o problema do despovoamento. Os desenvolvimentos acima referidos são, em grande medida, o resultado da migração (Estratégia de Desenvolvimento Regional do Montenegro para o período 2014-2020).

O geógrafo Todaro (1976) analisa o que o migrante espera de uma mudança de uma zona rural para uma zona urbana. Na sua teoria, os migrantes são empurrados ou/e puxados pelas suas expectativas sobre a área de residência e a área de destino. Espera-se que o migrante maximize as suas expectativas. Além disso, há três factores que afectam o resultado e que são os seguintes: o primeiro é a comparação entre o rendimento atual e o rendimento esperado no destino. O segundo fator pondera o custo económico e psicológico da migração, que pode ser reduzido através das redes sociais e dos laços de parentesco na cidade. O terceiro fator é a probabilidade de emprego no futuro para o migrante. Também no

Também no terceiro fator, a rede social e os laços de parentesco dos migrantes na cidade podem desempenhar um papel importante, uma vez que estes laços podem fornecer informações vitais sobre oportunidades de emprego (Karlsson, 2008).

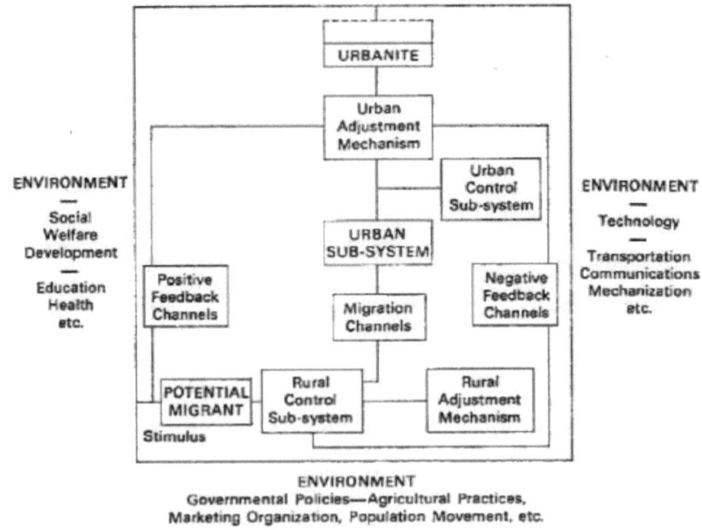

Figura 1: Esquema de um sistema para uma teoria da migração rural-urbana (Mabogunje, 1970).

A Figura 1 indica os elementos básicos do sistema de migração rural-urbana, bem como o ambiente em que o sistema funciona. Mostra que uma abordagem sistémica da migração rural-urbana está relacionada não só com o motivo pelo qual as pessoas migram, mas também com todas as implicações e ramificações do processo. Basicamente, a abordagem foi concebida para responder a questões como: porquê e como é que um indivíduo essencialmente rural se torna um habitante permanente da cidade? Que mudanças é que ele

que o seu filho sofreu durante este processo? Que efeitos têm essas mudanças tanto na zona rural de onde provém como na cidade para onde se desloca? Existem situações ou instituições que favorecem ou desfavorecem o ritmo de deslocação entre o meio rural e a cidade? Qual é o padrão geral destes movimentos e como é que ele é determinado? Estas e outras questões semelhantes definem os problemas para os quais necessitamos de uma teoria da migração rural-urbana (ver Mabogunje, 1970; Skeldon, 2014).

Em resultado da migração interna, a percentagem da população urbana na população total do Montenegro aumentou de 54% no período de 1991 para 62% em 2003. De acordo com o recenseamento de 2003, 62% da população vivia em zonas urbanas e 38% noutras zonas. Em

2012, esta última percentagem (população em zonas rurais) tinha diminuído para 34,5% e a percentagem da população urbana tinha aumentado para 65,5%. "De acordo com Todaro (1969), a principal razão da migração rural - urbana é o diferencial de rendimento esperado rural - urbano. O salário esperado não é mais do que o produto de um salário urbano mais elevado e a probabilidade de encontrar um emprego no sector urbano (Bhattacharya, 2002). Mitra e Murayama (2008) concluem que as perspectivas de melhores oportunidades de emprego são um fator determinante da migração masculina. Dubey et al (2004) afirmam que a posse de capital humano é um fator determinante da probabilidade de migração das zonas rurais para as zonas urbanas. Ullah (2004) observa que o fluxo migratório para as grandes cidades é o resultado de dicotomias entre as zonas rurais e urbanas em termos de rendimento, oportunidades de emprego e capacidade de absorção" (Akram, 2015).

Verifica-se igualmente uma tendência de migração interna das regiões do Norte para as regiões do Centro e do Sul do país, que se manteve após 2003. Todos os municípios destas duas últimas regiões registam uma taxa líquida de migração positiva. Além disso, estes padrões de migração mantiveram a tendência para o envelhecimento da população. O número total da população que se deslocou dentro das fronteiras montenegrinas em 2013 foi de 4 374 habitantes; em 2013, 7 dos 21 municípios registaram uma migração líquida positiva: Podgorica, Bar, Ulcinj, Budva, Tivat Danilovgrad e Andrijevica. A diferença entre os habitantes que entraram e os que saíram é mais elevada em Podgorica, com 1 360 pessoas. A rede negativa mais elevada foi registada em Bijelo Polje, com 396 pessoas. Tal como se viu anteriormente, há um desequilíbrio entre os géneros também no caso da migração interna: A maioria desta população é constituída por mulheres, com 55,7% ou 2 438 pessoas, enquanto os homens representam 44,3% do número total, ou seja, 1 936 habitantes (MMWD - Making Migration Work for Development, ***).

Quadro 2: Período entre dois recenseamentos

Geo - espaço	População total		Migração líquida	
	1991	2003	Número	Taxa (%)
Montenegro	593.5	634.0	- 9.6	- 1.6
Região Norte	212.4	198.6	- 31.8	- 15.5
Região Centro	254.9	285.6	5.6	2.1
Região costeira	126.3	149.7	16.5	12.0

Fonte: Serviço de Estatística do Montenegro - Monstat (2008).

De acordo com a abordagem neoclássica, distinguem-se três grupos principais de obstáculos à circulação da força de trabalho que são relevantes para a seleção de instrumentos de política regional. Em primeiro lugar, as diferenças no nível de rendimentos entre regiões, sectores e profissões nem sempre correspondem às diferenças no nível do produto marginal do trabalho. Em segundo lugar, mesmo quando não é esse o caso, o mercado de trabalho não tem de valorizar plenamente esses movimentos. Em terceiro lugar, mesmo que os dois obstáculos anteriores sejam removidos, a mobilidade da mão de obra pode ser limitada devido ao custo, que tem uma força de trabalho ao atravessar para outras regiões e/ou interesses (SupiC, 2005). Relativamente à tendência de migração dentro das regiões do Montenegro, também em 2013, em cada município do norte do Montenegro, exceto Andrijevica, foi registada uma migração líquida negativa. A migração líquida positiva foi registada nas outras duas regiões montenegrinas e foi mais elevada na região central (1 025 pessoas), enquanto na região litoral foi de 390 pessoas (Figura 3).

Quadro 3: Migrações líquidas por municípios, 2013

Net migrações por municípios, 2013			
Municípios	Mudar de casa	Sair de casa	Migrações líquidas
Podgorica	1.946	586	1.360
Bar	571	286	285
Ulcinj	143	82	61
Budva	219	164	55
Tivat	115	81	34
Danilovgrad	192	168	24
Andrijevica	75	74	1
Total	4.374	4.374	0
Kotor	141	161	-20
Herceg Novi	123	148	-25
Zabljak	32	58	-26
Pluzina	17	73	-56
Savnik	13	73	-60
Mojkovac	54	126	-72
Plav	26	132	-106
Rozaje	50	165	-115
Kolasin	27	143	-116
Cetinje	67	186	-119
Pljevlja	63	245	-182
Niksic	265	505	-240
Berane	110	397	-287
Bijelo Polje	125	521	-396

Fonte: Serviço de Estatística do Montenegro - Monstat (2014).

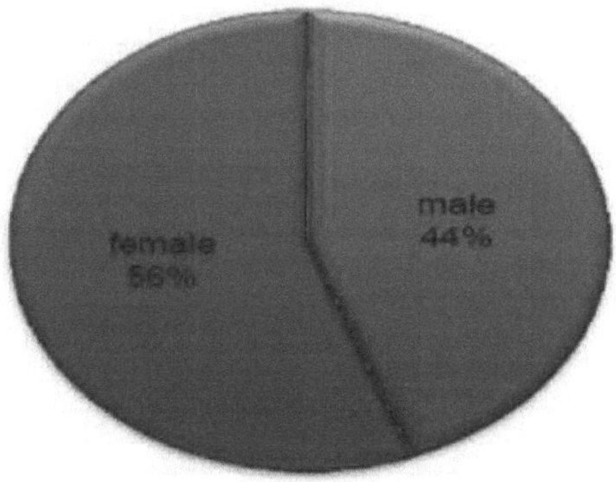

Figura 2: Migração interna no Montenegro por sexo (Serviço de Estatística do Montenegro - Monstat, n.º 97, 2014).

O número total da população que se deslocou dentro das fronteiras montenegrinas em 2013 é de 4 374 habitantes. A maioria dessa população é constituída por mulheres, com 55,7 % ou 2 438, enquanto os homens representam 44,3 % do número total, ou seja, 1 936 habitantes.

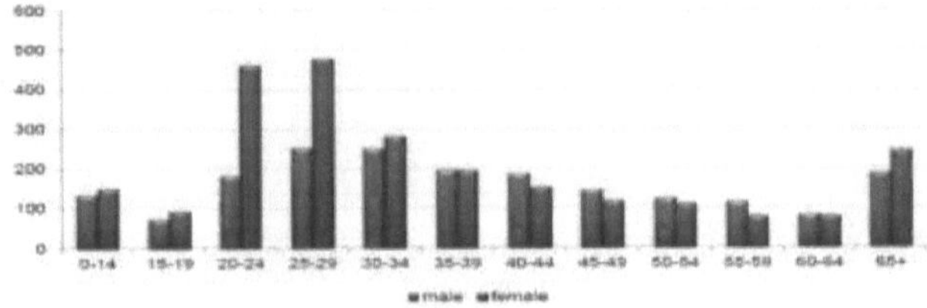

Figura 3: Migrações internas por idade e sexo (Serviço de Estatística do Montenegro - Monstat, n.º 97, 2014).

As mulheres com idades compreendidas entre os 0 e os 34 anos e os 65 e mais anos são mais deslocadas do que os homens do mesmo grupo etário. A maior diferença regista-se na faixa etária dos 20 aos 24 anos e é de 276.

Os homens são maioritários no grupo etário dos 35 aos 64 anos. A maior diferença em relação às mulheres é no grupo etário dos 55 aos 59 anos e é de 37.

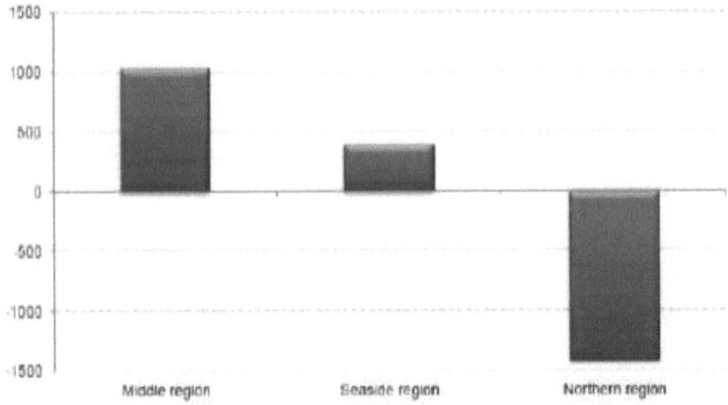

Figura 4: Migrações líquidas por regiões em 2013 (Serviço de Estatística do Montenegro - Monstat, n.º 97, 2014).

De acordo com a "Estratégia de Desenvolvimento Regional do Montenegro para o período 2014-2020" (2014), a unidade mais competitiva das autarquias locais na região Norte é o município de Zabljak, com uma competitividade 29 % superior à média nacional, enquanto o município menos competitivo é Savnik, com um grau de competitividade 35,6 % inferior à média nacional no período 2009-2011. A competitividade da região Norte representa 77% da média nacional, e a competitividade da região Norte é 23% inferior à competitividade média do Montenegro. Na região Centro, a autarquia local mais competitiva no período 2009-2011 é Podgorica, com um nível de competitividade 42% superior à média da competitividade do Montenegro, enquanto a menos competitiva é Cetinje, com uma competitividade 10% inferior à média nacional. No que respeita à região no seu conjunto, a região central é a segunda região do Montenegro em termos de nível de competitividade, 13% acima da média da competitividade das autarquias locais a nível nacional. Na região costeira, a unidade mais competitiva da administração local é o município de Budva, com uma competitividade de 61% acima da média montenegrina, sendo também o município mais competitivo do Montenegro. Por outro lado, o município menos competitivo da região costeira é o município de Ulcinj, com uma competitividade de 3,9% acima da competitividade média de todas as unidades da administração local do Montenegro. No seu conjunto, a região costeira é a região mais competitiva do Montenegro, com uma competitividade 32% superior à média nacional. Numa tal relação de competitividade da região do Montenegro, é perfeitamente compreensível que a migração líquida positiva por municípios do Montenegro se tenha registado em Podgorica (1 360), Bar (285), Ulcinj (61), Budva (55), Tivat (34), Danilovgrad (24) e Andrijevica (1), enquanto a migração líquida negativa abrange os restantes municípios do Montenegro e varia entre - 20 (Kotor) e - 396 (Bijelo Polje).

Os nossos registos de investigação baseados em investigações semelhantes Bobic e Babovic (2013) sugerem que o estudo da migração internacional no Montenegro assenta em algumas bases teórico-conceptuais importantes resultantes de diferentes paradigmas básicos no estudo da migração. Não se aplica aqui uma explicação mais pormenorizada dos paradigmas teóricos mais importantes no estudo da migração, mas é necessário notar que o quadro analítico em que são compreendidos se baseia em alguns deles. Além disso, a compreensão da migração internacional, de acordo com Bobic e Babovic (2013), incluindo a investigação de Piore (1979), é importante para compreender os complexos determinantes que incluem importantes factores atractivos ("pull") nos países de destino, tais como as necessidades de mercados de trabalho segmentados, bem como um impulso significativo ("push") dos factores que estão associados a uma elevada taxa de desemprego, baixo nível de vida ou condições adversas para o desenvolvimento da carreira nos países de origem.

A investigação do potencial de migração do Montenegro pode ser vista como um desafio e um benefício a partir de duas perspectivas. Por um lado, o próprio processo de expulsão da nossa sociedade está a sofrer grandes consequências. Em primeiro lugar, coloca-se a questão da perda demográfica. Como na nossa região se observa um processo contínuo de envelhecimento da população, o declínio da fertilidade e a redução da mortalidade, a emigração - quase sempre de população jovem e em idade ativa, o Montenegro pode sofrer grandes perdas demográficas, sociais e económicas. No entanto, por outro lado, a diáspora montenegrina, sincronizada com as políticas estatais adequadas, pode participar largamente na prosperidade do seu país (Bobic e Veskovic - Andelkovic, 2014).

Por outro lado, a emigração do Montenegro é interessante para os países de destino. Do ponto de vista destes, a chegada de cidadãos montenegrinos ao seu território e a inclusão dos imigrantes nas estruturas económicas, culturais e sociais locais podem ter um duplo impacto. A imigração e a integração de estrangeiros altamente qualificados e talentosos só podem acelerar o progresso do país de destino e essas migrações foram incentivadas nas suas políticas de desenvolvimento. No entanto, receia-se a chegada de pessoas não qualificadas e pobres e de requerentes de asilo, o que representaria um encargo adicional para a sua estrutura social. A União Europeia, que, juntamente com os Estados Unidos, é o determinante mais comum dos nossos migrantes, movida pelo receio da chegada de vagas de imigrantes provenientes dos novos Estados membros, iniciou numerosos estudos com o objetivo de prever o número de imigrantes provenientes de países com tendência para a adesão (Bobic e Veskovic-Andelkovic, 2014).

Do mesmo modo, Penev e Predojevic - Despic (2012), os autores do texto, indicam que o Montenegro, enquanto país com uma longa tradição de emigração, um contexto específico de emigração económica, mas também política, um número significativo dos seus cidadãos no estrangeiro, bem como um quadro espacial muito heterogéneo e uma estrutura diferenciada de migrantes internacionais, não se pode dizer que tenha uma boa base estatística para a monitorização, bem como numerosos estudos sobre o exterior, principalmente a migração económica. Além disso, apesar de, desde 1971, em todos os recenseamentos regulares do Montenegro, em maior ou menor grau, as pessoas que trabalham ou permanecem no estrangeiro terem sido cobertas, os resultados são sub-representam uma fonte fiável de informação estatística sobre este contingente populacional. Por outro lado, são ainda menos fiáveis, menos acessíveis e menos significativos os dados recolhidos pelas estatísticas dos países de acolhimento, nomeadamente sobre a sua origem regional e caraterísticas sócio-demográficas.

A primeira grande vaga de emigração do Montenegro ocorreu no início do século XX, tendo continuado especialmente após a Segunda Guerra Mundial, e foi motivada principalmente por razões políticas e económicas. Em meados dos anos sessenta do século passado, registou-se uma saída intensiva de cidadãos do Montenegro para trabalharem temporariamente no estrangeiro. A abertura económica e política da Jugoslávia no início da década de sessenta do século passado, bem como a elevada procura de mão de obra nos países da Europa Ocidental, conduziram a uma emigração mais intensa e em massa. Tratava-se de migrações económicas e laborais com um carácter provisório proclamado (ver Rajovic, 2014; Rajovic, 2015; Rajovic e Bulatovic, 2016). Para trabalhar fora do país vão, maioritariamente, jovens das zonas rurais, sobretudo com o ensino primário ou o ensino primário incompleto. Na década de oitenta do século XX, são cada vez mais as pessoas com níveis de educação mais elevados que vão para o estrangeiro. Esta tendência é particularmente evidente durante o século XX, quando, em busca de melhores condições de vida e de trabalho, deixou o país um grande número de pessoas com o mais alto nível de educação. Também, durante este período, as saídas para o estrangeiro aumentaram a percentagem da população urbana (Bascarevic, 2011).

MMWD - Making Migration Work for Development (***) De acordo com as estimativas fornecidas pelo Governo do Montenegro, o número de expatriados e migrantes montenegrinos em todo o mundo é de cerca de 200 000, o que está de acordo com a dimensão estimada da diáspora montenegrina, tal como estimada pela OIM. Embora o número exato de imigrantes montenegrinos e seus descendentes em todo o mundo seja desconhecido, o Ministério dos Negócios Estrangeiros estimou que o seu número é igual ao número de pessoas que vivem atualmente no Montenegro. Segundo o Ministério dos Negócios Estrangeiros, os imigrantes montenegrinos e os seus descendentes vivem sobretudo na América do Norte e Latina, na Sérvia, na Turquia, na Europa Ocidental e nos países da antiga Jugoslávia, mas um número significativo vive na Austrália, na Rússia e em alguns países africanos...

Quadro 4: Cidadãos montenegrinos no estrangeiro por país de residência

Estados Unidos	18.700	35,0%
Alemanha	11.344	21,2%
Suíça	11.344	5,3%
Luxemburgo	2.722	5,1%
Suécia	2.279	4,3%
França	1.288	2,4%
Países Baixos	1.202	2,2%
Dinamarca	1.202	2,2%
Itália	1.198	2,2%
Outros países europeus	6.194	11,6%
Austrália	1.024	1,9%
Outros países não europeus	1.270	2,4%
Desconhecido	2.200	4,1%
Total	53.433	100,0%

(Censo 2003)

Fonte: Serviço de Estatística do Montenegro - Monstat (2008).

De acordo com os dados do Serviço de Estatística do Montenegro (2012), o número de cidadãos do Montenegro no estrangeiro ou que permaneceram no país em 2003 (Quadro 4) foi o seguinte Estados Unidos (18.700), Alemanha (11.344), Suíça (11.344), Luxemburgo (2.722), Suécia (2.279), França (1.288), Países Baixos (1.202), Dinamarca (1.202), Itália (1.198), Outros

Países europeus (6.194), Austrália (1.024), Outros países não europeus (1.270) e Desconhecido (2.200). De acordo com o inquérito Eurobarómetro, realizado entre março e maio de 2008, 44% dos cidadãos da União Europeia concordaram com a afirmação de que "a imigração contribui muito para o seu país" e 47% discordaram (9% dos inquiridos não sabiam). No entanto, uma nova vaga de investigação, em 2012, apontou para uma mudança positiva nas atitudes dos cidadãos. O mesmo argumento foi apoiado por 49% da população, um aumento de 5 pontos percentuais, e reduziu o número de cidadãos que avaliam negativamente a imigração para 43% (a percentagem dos que não sabem responder a esta questão manteve-se praticamente a mesma, 8%). As maiores diferenças foram observadas a nível nacional. Enquanto esta posição é apoiada pelos cidadãos dos antigos Estados-Membros da UE (89 % na Suécia, 77 % no Luxemburgo e 66 % em Portugal, e em menor proporção pelos cidadãos da Dinamarca, Holanda, Finlândia, Grã-Bretanha, Irlanda, Alemanha, Espanha e França), entre os residentes dos novos Estados-Membros esta afirmação é muito menos difundida: 17 % de apoio na Estónia, 18 % na República Checa e 21 % na Eslováquia, Letónia e Chipre (The Values of Europeans - Relatório 2012)(Poleti, 2013). Uma das conclusões de Poleti (2013), citando a investigação de Canoy et al (2010), "é que os cidadãos não têm uma posição claramente definida sobre a imigração, mas antes podemos falar de uma relação ambivalente entre a opinião pública e a migração, uma espécie de mistura de otimismo e ceticismo". Os autores consideram que se está a verificar uma mudança lenta mas notória para uma avaliação positiva da imigração. No entanto, é demasiado cedo para falar de uma tendência, que pode ser o resultado da redução do afluxo de cidadãos estrangeiros devido à crise financeira".

Segundo Nikitovic (2009), a migração é um dos fenómenos mais difíceis de prever, especialmente em países como o Montenegro. Existem várias razões para este facto, que podem ser classificadas em dois grupos principais. O primeiro está relacionado com a fraca qualidade dos dados sobre a migração externa e o outro com a forte condicionalidade política e económica dos fluxos migratórios. Nomeadamente, os dados oficiais não abrangem todos os imigrantes do Montenegro; graças a eles, as pessoas que estão a deixar o país não comunicam normalmente uma mudança de residência. É possível tirar conclusões indirectas sobre o seu número com base nos dados dos países receptores, mas isto aplica-se apenas às pessoas que estão registadas. "Atualmente, a administração pública dos países de imigração está sob pressão constante porque tem de equilibrar a abertura e o encerramento das fronteiras (Nowaczek, 2010). As políticas que regem a migração laboral são determinadas, por um lado, pelos interesses dos empregadores, lobbies étnicos, grupos humanitários e liberais que apoiam a migração. Do outro lado, estão os opositores da imigração: a opinião pública, os sindicatos de direita e os partidos políticos" (Poleti, 2013).

Utilizaremos o estudo "The Geographic Mobility of the Labour Force" Universidade da Letónia (2007) e apontaremos Na prossecução dos objectivos definidos, a investigação futura decidiu as seguintes tarefas correlacionar a informação sobre a mobilidade, rever a forma como essa informação é obtida e avaliar a informação numa perspetiva de otimização do fluxo de informação; conceber metodologias e instrumentos de acordo com os objectivos da investigação; avaliar os volumes e fluxos de migração externa entre os montenegrinos, descrever as motivações e caracterizações dos migrantes e considerar a sua disponibilidade para se deslocarem para o estrangeiro em busca de trabalho; analisar a experiência dos trabalhadores convidados do Montenegro e a sua motivação para regressar a casa; Avaliar os fluxos de migração interna e a mobilidade quotidiana entre os montenegrinos, bem como os desejos e a disponibilidade de vários grupos de residentes do Montenegro para se deslocarem para outras partes do país em busca de trabalho; analisar a mão de obra estrangeira no Montenegro; elaborar previsões sobre a migração entre os montenegrinos; Avaliar a possível influência de formas alternativas de trabalho na mobilidade interna e a capacidade do governo para equilibrar o mercado de trabalho em várias regiões; elaborar políticas de migração alternativas; analisar a mobilidade geográfica da mão de obra do ponto de vista da relação custo-eficácia.

O aspeto inovador da investigação futura reside na sua natureza complexa, tal como mencionado no estudo "The Geographic Mobility of the Labour Force" da Universidade da Letónia (2007) e conclui que é necessário que os investigadores tenham informações correlacionadas sobre as pessoas em todos os grupos etários activos em todo o Montenegro, tendo em conta o género, a etnia, a região e o tipo de migração, bem como a influência da migração externa, interna e diária no mercado de trabalho. A informação proveniente da investigação futura foi complementada com as opiniões de representantes de vários sectores sobre o futuro da mobilidade e os vários factores que a podem afetar. A investigação futura deve definir as várias alternativas sobre o que pode acontecer no futuro, oferecendo também recomendações sobre como as instituições governamentais podem melhorar a forma como os dados sobre estes processos são recolhidos, bem como sobre o que deve ser feito para regular as migrações internas e externas.

Na série de factores que, segundo Medar e Chirtoc (2012), podem ser identificados na decisão de mobilidade (Figura 2) incluem-se: causas económicas e políticas, estabelecimento de redes de mobilidade, experiência anterior de mobilidade, necessidade de desenvolvimento profissional através da formação contínua num país que ofereça oportunidades de ensino superior ao país de origem e reunificação familiar.

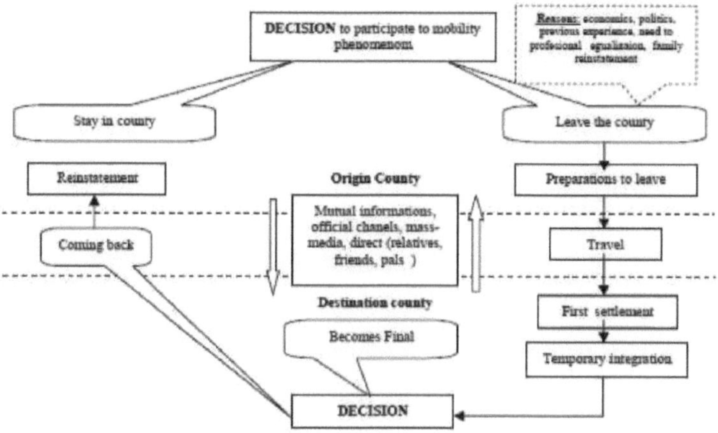

Figura 5: Motivos de decisão e mobilidade (Medar e Chirtoc, 2012 de acordo com Blaga e Moştenescu (2008).

Esta investigação interessante e extremamente interessante de Medar e Chirtoc (2012) indica que "o fenómeno da mobilidade existe desde o início da humanidade. O fenómeno não parou no tempo, mas mudou e adquiriu novas formas. O equilíbrio entre a população e os recursos altera-se com o aparecimento de uma população excedentária, representando uma "zona de emigração", ou com a ocorrência de recursos excedentários, representando uma "zona de imigração". A mobilidade é uma das formas de as regiões se adaptarem às mudanças económicas e uma forma de garantir o crescimento. Os fluxos de mobilidade podem atuar como um "estabilizador automático" para a região, dando às pessoas a oportunidade de melhorar o seu nível de vida, deslocando-se para áreas com condições de emprego e de vida melhores. O equilíbrio espacial da oferta e da procura de mão de obra passa muitas vezes pela deslocalização, estando envolvidos os restantes membros da família (alguns inactivos), sendo, neste caso, a mobilidade laboral com implicações não só de natureza económica, mas também de natureza social e demográfica. Não é de descurar o papel dos migrantes no aumento da taxa de urbanização de uma região, e no crescimento económico, o aumento da mobilidade é a principal causa do crescimento da população para a cidade e da população urbana em geral". No Montenegro, o desenvolvimento da vida económica, as mudanças ocorridas no processo de desenvolvimento económico e a reestruturação operada na economia nacional provocaram a mobilidade da população de uma região para outra, principalmente por razões económicas. Salienta como Hickey et al (2013) "ao longo da última década, surgiu um novo enfoque na política de desenvolvimento, normalmente designado por Nexo Migração e Desenvolvimento (MAD), que gerou um enorme corpo de literatura académica e centrada nas políticas (ver Asis, 2004; Pillinger, 2008; Raghuram, 2009; de Haas, 2010). Está fora do âmbito do presente documento explorar as implicações teóricas e práticas deste paradigma. No entanto, em suma, os estudiosos do desenvolvimento atribuem a mudança de enfoque político no seio das instituições multilaterais de desenvolvimento a um reconhecimento crescente do enorme impacto económico das remessas do estrangeiro para os países de origem dos migrantes e para as comunidades transnacionais de cidadania e diáspora". Hickey et al (2013) continua: "Os migrantes têm um papel central a desempenhar na promoção do desenvolvimento económico e social nos seus Estados de origem e, consequentemente, surgiu um grande número de grupos de trabalho, institutos, workshops e iniciativas para avaliar e reforçar as ligações entre migração e desenvolvimento. Em geral, o nexo MAD representa uma mudança significativa na forma como a relação entre migração e desenvolvimento é encarada e tem implicações para a elaboração de políticas em todo o espetro do desenvolvimento".

CONTEXTO DE ACOLHIMENTO	CLASSE DE ORIGEM		
	Trabalho manual	Profissional - Técnico	Empresário;
HANDICAPACITADO	Incorporação no mercado secundário	Serviço do gueto Fornecedores	Intermediário Minorias
NFUTR AT.	Trabalho misto Mercado Participação	Mercado primário Incorporação	Mainstream Pequenas empresas
VANTAGENS	Mobilidade ascendente para OIIIcIII Empreendedorismo	Mobilidade ascendente para cargos de Liderança profissional e cívica	Enclave Economias

Figura 6: Tipologia dos modos de incorporação dos imigrantes contemporâneos nos países avançados (Portes e Böröcz, 1989).

De acordo com Portes e Böröcz (1989), "a célula superior esquerda da Figura 3 representa a situação comum que deu origem à maioria dos estereótipos sobre a imigração contemporânea. Os trabalhadores manuais que chegam a contextos em que a sua espécie não é bem-vinda ou é discriminada tendem a ser canalizados para o nível inferior do mercado de trabalho de acolhimento. As caraterísticas deste sector secundário têm sido objeto de alguma controvérsia, mas há um consenso crescente entre os académicos de que é definido por empregos que exigem pouca ou nenhuma formação prévia, que se agrupam no extremo inferior da escala salarial, que oferecem poucas ou nenhumas oportunidades de mobilidade e que estão sujeitos a uma rápida rotação de trabalhadores" (ver Reich et al, 1973; Esses et al, 2002; Rodriguez, 2004).

Considerações finais

O movimento mecânico da população tem sido contemplado desde há muito tempo na perspetiva da migração. Ao longo dos anos, foram formuladas muitas definições do termo, de acordo com Poleti (2014), citando a investigação de Salt e Clarke (2004), que indica que o maior número delas tem em conta a mudança do local de residência e que foram então determinados os actores, cujas causas e consequências serão o foco da investigação. A maioria dos autores introduziu nos seus conceitos duas dimensões - tempo e espaço. E enquanto cada um de qualquer mudança de residência, independentemente do destino e da duração da migração considerada, outros estão sob eles significava uma forma de mobilidade espacial entre diferentes partes geográficas, prestando atenção apenas para a mudança permanente de residência.

Poleti (2014) conclui por Salt (2006) que sim, os estudos têm indicado que não existe um modelo único que as pessoas possam chamar de migrantes, mas sim uma ampla gama de pessoas que podem assumir muitas formas de fluxos migratórios. As migrações são, por isso, cada vez mais começadas a perceber-se como subcategorias de um conceito mais amplo de movimento, englobando diferentes tipos e formas de mobilidade humana, desde a viagem até à emigração permanente. O que definimos como migração resume-se à questão das escolhas arbitrárias sobre onde traçar a linha, que é específica em termos de tempo. Assim, ao aperceberem-se de que as mudanças de residência a longo prazo estão cada vez mais a substituir as deslocalizações temporárias, os movimentos curtos e circulares, os teóricos transformaram o conceito de mobilidade espacial.

O estudo da migração no período após a Segunda Guerra Mundial no nosso país, mas também no mundo, mostrou que o saldo da reinstalação está quase sempre em correlação positiva com a dinâmica e o nível de desenvolvimento económico alcançado. Os incentivos económicos foram os factores mais importantes da deslocalização (sobretudo em relação à implantação da indústria, mas também ao nível de desenvolvimento de outras actividades não agrícolas) no nosso país. Muitos outros factores também influenciaram a intensidade da migração. Trata-se sobretudo de factores demográficos (nível de crescimento natural, densidade...), depois as influências que advêm das alterações na composição educativa da população (aumento da percentagem de jovens com qualificações educativas superiores) e, por fim, a reinstalação está frequentemente associada à estrutura étnica da população (etnia, línguas diferentes) (Brubaker, 2010).

As migrações internas no Montenegro após a Segunda Guerra Mundial conduziram a uma distribuição completamente nova da população. Neste período de rápido desenvolvimento socioeconómico, o mais comum é a reinstalação aldeia-cidade e, em seguida, a migração entre aglomerados urbanos (frequentemente de cidades pequenas e médias para cidades maiores). Quanto são caraterísticos os processos mencionados do território regional do Montenegro, ilustramos os seguintes dados. Nomeadamente, na região aparece uma grande desproporção na distribuição espacial da população. A região Norte do país (32,3 % do território do Montenegro) registou um declínio absoluto de 10.147 pessoas (13,13 %), a região Nordeste (20,6 % do território) diminuiu 14.167 (9,76 %). Por outro lado, a região Centro (35,6% do território) registou um aumento de 20.398 pessoas (7,79%) e, finalmente, a região Litoral (11,5% do território) aumentou em 13.239 pessoas (9,82%). No que diz respeito à tendência de migração dentro das regiões do Montenegro, também em 2013, em cada município do norte do Montenegro, exceto Andrijevica, foi registada uma migração líquida negativa. A migração líquida positiva foi registada nas outras duas regiões montenegrinas e foi mais elevada na região central (1 025 pessoas), enquanto na região litoral foi de 390 pessoas.

Se procurarmos as causas da contínua emigração do Montenegro ao longo da história, a conclusão básica é que elas residem, acima de tudo, nas suas más condições materiais que, em várias épocas, tiveram a sua própria expressão específica. Anteriormente, tratava-se da escassez de terras férteis, da falta de outras fontes de rendimento, da falta de propriedade e da diferenciação, nestas condições, do rápido empobrecimento e endividamento da população. Em tempos mais recentes, a crise económica, o rápido empobrecimento da população da classe média, a disposição inadequada de materiais, a negligência da função de desenvolvimento da sociedade e, a este respeito, a incapacidade de se transformar e de alcançar as sociedades desenvolvidas (Vukcevic, 2016). Embora o número exato de imigrantes montenegrinos e seus descendentes em todo o mundo seja desconhecido, o Ministério dos Negócios Estrangeiros estimou que o seu número é igual ao número de pessoas que vivem atualmente no Montenegro. As estimativas fornecidas pelo Governo do Montenegro indicam que o número de expatriados e migrantes do Montenegro em todo o mundo é de cerca de 200 000. Os dados oficiais não abrangem todos os imigrantes do Montenegro, uma vez que as pessoas que abandonam o país não comunicam normalmente a mudança de residência. É possível tirar conclusões indirectas sobre o seu número com base nos dados dos países receptores, mas isto aplica-se apenas às pessoas que estão registadas. No final, concluímos como e Schuler (2007), durante os próximos anos, a emigração internacional pode continuar, uma vez que os factores de atração nos países de destino, especialmente na Europa Ocidental, parecem ser positivos. Mas estas perdas de população terão sobretudo um efeito negativo na qualidade da mão de obra; quantitativamente, a migração não será tão significativa como no passado. Por outro lado, existe um risco real de que a migração interna aumente e conduza ao despovoamento rural, especialmente no norte e nas zonas montanhosas, onde o aumento natural também diminuirá. Sem medidas eficazes de política regional, a urbanização prosseguirá rapidamente e perturbará fundamentalmente o equilíbrio entre o crescimento rural e urbano. É evidente que o sector agrícola terá de ser reformado e que a atual força de trabalho neste ramo diminuirá. A política rural deve ser orientada para a criação de emprego noutros domínios, como a indústria local e o turismo, a construção e os transportes, mas também para a descentralização das actividades do Estado, como a administração pública e a educação.

Referências

1. Ackah, C., Medvedev, D.,(2012), Internal migration in Ghana : Determinants and welfare impact, *Journal of Social Economics,* 39(10), 764 - 784.

2. Akram, M., (2015), An Analysis of Rural to Urban Labour Migration in India with Special Reference to Scheduled Castes and Schedules Tribes, *International Journal of Interdisciplinary and Multidisciplinary Studies,* 2(10), 53 - 58.

3. Arru, A., Ramella, F., (2003), Introduzione", in: Arru, A. e Ramella, F. (eds.), L'Italia delle migrazioni interne: Donne, uomini, mobilità in età moderna e contemporánea, Roma: Donzelli: IX - XX.

4. Asis, M.B.B., Piper, N., Raghuram, P., (2010), Migration and development in Asia: knowledge frameworks, *International Migration,* 48(3), 76 - 106

5. Asis, M.M.B., (2004), Borders, globalization and irregular migration. In A. Ananta, and E.N. Arifin (eds.), International Migration in Southeast Asia, pp. 199 - 227. Singapura: Instituto de Estudos do Sudeste Asiático.

6. Ajaero, C. K., Onokala, P. C., (2013), The effects of rural-urban migration on rural communities of southeastern Nigeria, *International Journal of Population Research*, 2013, 1 - 10.

7. Bachmura, F. T., (1959), Man-Land Equalization Through Migration, *American Economic Review,* 49 (5), 1004 - 1017.

8. Bakic, R., Mijanovic, D., (2006), Demographic trends in Montenegro in the second half of the twentieth century, Niksic: Instituto Geográfico da Faculdade de Filosofia.

9. Bao, B., Bodvarsson, S., Örn B., B., Hou, J., Zhao, Y., (2007), Interprovincial migration in China: The effect of investment and migrant networks, IZA DP. Nº 2924 do IZA.

10. Bascarevic, M., (2011), A contribution to the study of migration, *Zbornik radova Filozofskog fakulteta u Pristini,* (41), 537 - 551.

11. Bell, M., Bernard, A., Ueffing, P., Charles-Edwards, E., (2014*),* The IMAGE repository: Um guia do utilizador. *Documento de trabalho QCPR n.º 2014/01,* Brisbane*:* Universidade de Queensland.

12. Bell, M., Charles-Edwards, E., Kupiszewska, D., Kupiszewski, M., Stillwell, J., Zhu, Y., (2015), Internal migration data around the world: Assessing contemporary practice, *Population, Space and Place,* 21(*1*), 1-17.

13. Bell, M., Charles-Edwards, E., Stillwell, J., Daras, K., Kupiszewski, M., Kupiszewska, D.,Zhu, Y., (2013), Comparing internal migration around the globe (IMAGE): The effects of scale and pattern, *apresentação principal na Conferência Internacional sobre Geografias da População,* Groningen, Países Baixos, 25 - 28 *de junho.*

14. Bell, M., Charles-Edwards, E., Ueffing, P., Stillwell, J., Kupiszewski, M., Kupiszewska, D., Zhu, Y., (2013), Comparing internal migration intensities around the globe,*Paper presented to XXVII IUSSP International Population Conference,* Busan, Korea, 26 - 31 August.

15. Bhattacharya, P. C., (2002), Rural - To - Urban Migration in LDCS: A Test of Two Rival Models, *Journal of International Development* , 14, 951 - 972.

16. Blaga, E., Moştenescu, R., (2008), Labor force migration, Bucareste: Editora da Universidade de Bucareste.

17. Blaumeiser, H., (2001), Einführung in die Qualitative Sozialforschung. In Theo Hug (Ed.), Wie kommt Wissenschaft zu Wissen?, Volume 3: Einführung in die Methodologie der Sozial- und Kulturwissenschaften (pp.31-51), Baltmannsweiler: Schneider.

18. Bleha, B., Kobayashi , K., Ohzeki, Y., (2011), Urban and Rural Local Population Policies in Japan and the Slovak Republic, *Forum Statisticum Slovacum,* 7(6), 21 - 27.

19. Bobic, M., Babovic, M., (2013), International Migration in Serbia - State and Politics, *Sociologija* , *55* (2), 209 - 228.

20. Bobic, M., Veskovic - Andelkovic, M., (2014), Features and Attitudes of Potential Migrants from Serbian - Necessity and Importance Research, Theoretical Background and Methodology Approach, Scientific research Migration in Serbia - Problems and Initiatives, Belgrade: Ethnographic Institute of the Serbian Academy of Sciences and Arts.

21. Bohnsack, R., (1999), Rekonstruktive Sozialforschung. Einführung in Methodologie und Praxis qualitativer Forschung, Opladen: Leske + Budrich.

22. Bommes, M., Morawska, E., (2005), International migration research, Aldershot: Ashgate.

23. Bonifazi, C., (1999), Introduzione". In: Bonifazi, C. (ed.), Mezzogiorno e migrazioni interne, Monografie. No.10. Roma:

Consiglio Nazionale delle Ricerche, Istituto di Ricerche sulla Popolazione.

24. Bonifazi, C., Heins, F., (2000), Long-term trends of internal migration in Italy, *International Journal of Population Geography,* 6, 111 - 131.

25. Borkert, M., Pérez, A. M., Scott, S., De Tona, C., (2006), Introduction: Understanding migration research (across national and academic boundaries) in Europe, In *Forum Qualitative Sozialforschung/Forum: Investigação Social Qualitativa,* 7(3).

26. Bradley, D. E., Longino, CH. F., Stoller, E. P., Haas, W. H., (2008), Actuation of Mobility Intentions Among the Young- Old: An Event - History Analysis, *The Gerontologist,* 48 (2), 190 - 202.

27. Bretell, C., Hollifield, F., (2000), Migration theory, Londres: Routledge.

28. Brubaker, R., (2010), Migration, membership, and the modern nation-state: Internal and external dimensions of the politics of belonging, *Journal of Interdisciplinary History,* 41(1), 61 - 78.

29. Canoy, M., Horvath, A., Hubert, A., Lerais, F., Sochacki, M., (2010), Post-Enlargement Migration and Public Perception in the European Union. In: Kahanec, Martin, Zimmermann, Klaus (ed.), *EU Labor Markets After Post-Enlargement Migration*, Springer, pp. 71 - 104

30. Castles, S., (2007), Twenty - first century migration as a challenge to sociology, *Journal of Ethnic and Migration Studies,* 3, 351 - 71.

31. Castles, S., Miller, M., (2003), Age of Migration, Londres: Palagrive.

32. Champion, A. G., (1989), United Kingdom: population deconcentration as a cyclic phenomenon. Capítulo 5 em Counter urbanization: the changing pace and nature of population deconcentration. London: Edward Arnold.

33. Champion, A. G., Green, A. E., Owen, D. W., Ellin, D. J., Coombes, M. G., (1987), Changing places: Britain's demographic, economic and social complexion, Londres: Edward Arnold.

34. Coombes, M. G., Dixon, J. S., Goddard, J. B., Openshaw, S., Taylor, P. J., (1982), Functional regions for the population census of Great Britain. Em Herbert D T, Johnston R J (eds.), *Geography and the urban environment 5.* London: John Wiley.

35. Daras, K., (2014), Image Studio 1.4.2 User Manual, Disponível em: http://www.gpem.uq.edu.au (25.06 2016).

36. de Haas, H., (2010), Migration and development: a theoretical perspective, *International Migration Review,* 44(1), 227 - 264.

37. Denzin, N., K., Lincoln, Y. S. , (1994), Introduction. Entrar no domínio da investigação qualitativa. Em Norman K. Denzin & Yvonna S. Lincoln (Eds.), Handbook of qualitative research (pp.1 - 17). Thousand Oaks. CA: Sage.

38. DeTona, C., Frisina, A., Ganga, D., (2010.), Research methods in ethnic and migration studies, *Migration Letters*, *7* (1), 1 - 6.

39. Dubey, A., Jones, R. P., Sen, K., (2004), Surplus Labour, Social Structure and Rural to Urban Migration: Evidence from Indian Data. Documento apresentado na conferência sobre o 50º aniversário do modelo de Lewis (1967).

40. Esses, V. M., Dovidio, J. F., Hodson, G., (2002), Public attitudes toward immigration in the United States and Canada in response to the September 11, 2001 "Attack on America", *Analyses of Social Issues and Public Policy, 2*(1), 69 - 85.

41. Greenwood, M. J., (1997), Internal Migration in Developed Countries. Em *Handbook of Population and Family Economics*, ed. Mark R. Rosenzweid e Oded Stark, 647-720. Mark R. Rosenzweid e Oded Stark, 647-720. Amesterdão, Nova Iorque e Oxford: Elsevier Science, North - Holland.

42. Harris, J. R., Michael, P. T., (1970), Unemployment and Development: A Two-Setor, *Analysis,* 60 (1), 126 - 142.

43. Hickey, M., Narendra, P., Rainwater, K., (2013), A review of internal and regional migration policy in southeast Asia, *Migrating Out of Poverty Working Paper,* 8, 2 - 47.

44. Kakas,A., Bleha, B., (2017), Post - Communistic
Transformação e envelhecimento da população versus a mudança
Migratory Patterns of Seniors: The Case of the Slovak Republic, *AUC Geographica,* 52 (1), 63 - 78.

45. Karlsson, I., (2008), Rural - Urban Migration in Babati District, Tanzânia, Uppsala Université: Arbetsrapporter,
Instituições culturais e geográficas.

46. Kiuma, A. K., Kaghoma, C. K., Kalala, J. M., Kabamba, A., (2015), Internal mobility and youth entrepreneurship in Democratic Republic of Congo, Disponível em: http://www.pep-net.org (27.06 2017).

47. Kleining, G., (1995), Methodologie und Geschichte qualitativer Sozialforschung". In Uwe Flick & Ernst v. Kardorff & Heiner Keupp & Lutz v. Rosenstiel & Stephan Wolff (Eds.), Handbuch qualitative. Sozialforschung: Grundlagen, Konzepte, Methoden und Anwendungen (pp.11 - 22). Weinheim: Beltz.

48. Knight, J., Gunatilaka, R., (2010), Great expectations ? The Subjective Well-being of Rural - Urban migrants in China, *World Development*, 38 (1), 113 - 124.

49. Krechetnikov, K., Pestereva, N., Rajovic, G., (2016), Prospects for the Development and Internationalization of Higher Education in Asia, *European Journal of Contemporary Education,* 16(2), 229 - 238.

50. Lamonica, G. R., Zagaglia, B., (2013), The determinants of internal mobility in Italy, 1995-2006: A comparison of Italians and resident foreigners, *Demographic Research, 29*, 407-440.

51. Lee, E., (1969), Migration, Cambridge: Editado por Jackson, J.A.

52. Longino, C. F., Biggar, J. C., (1982), The Impact of Population Redistribution on Service Delivery, *The Gerontologist,* 22 (2), 153 - 159.

53. Mabogunje, A. L., (1970), Systems approach to a theory of rural-urban migration, *Geographical analysis,2* (1), 1 - 18.

54. Mberu, B., (2005), Internal migration and household living conditions in Ethiopia, APHRC Working Paper, No. 31.

55. Medar, L. I.,Chirtoc, I. E., (2012), Analyse of Labor Force Mobility Phenomenom on Romanian Internal Market, *Of the University of Petrosani -Economics,* 12 (1), 193 - 204.

56. Ministério da Economia do Governo do Montenegro (2014), Estratégia de Desenvolvimento Regional do Montenegro para o período 2014-2020, Podgorica: Governo do Montenegro.

57. Mitra, A., (2010), Migration, livelihood and well-being: Evidence from Indian city slums, *Urban Studies,* 47(7), 13711390.

58. Mitra, A., Murayama,M., (2008), Rural to Urban Migration: A District Level Analysis for India, documento de discussão do IDE. No. 137.

59. MMWD - Making Migration Work for Development (***), Country Perspective, Migration profile/Montenegro/, Disponível em: htpp//www.southeast-europe.net (28.06 2017).

60. Moch, L. P., (2011), Internal migration before and during the Industrial Revolution: the case of France and Germany Internal Migration, *European History Online*, pp. 1 - 31.

61. Molloy, R., Smith, C. L., Wozniak, A., (2011), Internal migration in the United States, *The Journal of Economic Perspectives*, *25* (3), 173 - 196.

62. Murakami, K., Atterton, J., Gilroy, R., (2008), Planning for the Ageing Countryside in Britain and Japan: City-Regions and the Mobility of Older People, Newcastle: Centro de

Economia Rural, Universidade de Newcastle.

63. Nikitovic, V., (2009), Serbia as a country of immigration - the expected future, *Stanovnistvo,* 1, 31- 52.

64. Nowaczek, K., (2010), Pressão da migração sobre os sistemas de proteção social na UE alargada. In: Engbersen, Godfried; Okólski, Marek; Black, Richard; Pantîru, Cristina (ed.), A Continent Moving West? EU enlargement and labour migration from Central and Eastern Europe, IMISCOE Research. Amesterdão: University Press.

65. Penev,G., Predojevic-Despic,J., (2012), Spatial aspects of emigration in Serbia. Três zonas de emigração "quentes", *Stanovnistvo,* 2, 35 - 64.

66. Pillinger, J., (2008), The Migration-Social Policy Nexus: Current and Future Research (preparado para o projeto UNRISDIOM - IFS sobre Política Social e Migração nos Países em Desenvolvimento). Instituto de Investigação das Nações Unidas para o Desenvolvimento Social, Organização Internacional para as Migrações, Instituto de Estudos do Futuro.

67. Piore, M., (1979), Birds of Passage. Migrant labor and industrial societies, Cambridge: University Press.

68. Poleti, D., (2013), Contemporary Labour Migration in European Context - Economic and Political Aspects, *Sociologija,* LV (2), 333 - 348.

69. Poleti, D., (2014), Forms of spatial mobility in Serbia: Mobility and Migration, Belgrado: Ethnographic Institute of the Serbian Academy of Sciences and Arts.

70. Portes, A., Böröcz, J., (1989), Contemporary immigration: Theoretical perspectives on its determinants and modes of incorporation, *International migration review,* 23 (3), 606 - 630.

71. Price, Daniel O., Melanie, M. S., (1975), Rural - Urban Migration Research in the United States: Annotated Bibliography and Synthesis, Department of Health, Education and Welfare Publication No. (NIH) 75 - 565.

72. Raghuram, P., (2009), Which migration, what development?, Unsettling the edifice of migration and development, *Population, Space and Place* , 15 (2), 103 - 117.

73. Rajovic, G., (2014), Algumas caraterísticas da identidade étnica - estudo de caso: migrantes da Sérvia e Montenegro para a Dinamarca, *Antrocom: Revista Online de Antropologia* 10 (2), 187 - 224.

74. Rajovic, G., (2015), Organization and Activities of Migrants from Serbia and

Montenegro in Denmark: a Case Study, *European Geographical Studies,* 6 (2), 92 - 110.

75. Rajovic, G., Bulatovic, J., (2016), Life Satisfaction - Migrants from Serbia and Montenegro to Denmark: Case Study, *Investigador Europeu. Série A,* 102 (1), 25 - 43.

76. Rajovic,G., Bulatovic, J., (2016), From Concept of the Region to Regional Image of Montenegro, *European Researcher. Série A,* 106 (5), 252 - 270.

77. Rajovic,G., Bulatovic,J., (2016), Demographic Picture the Region Polimlje - Ibar, *World Scientific News,* 29, 48 - 73.

78. Rajovic,G.,Bulatovic,J., (2016), Aspetos regionais da população no Montenegro: Review, *Population Processes,* 1 (1), 27 - 34.

79. Rajovic,G., Bulatovic,J., (2016), Revisão sobre as mudanças demográficas na população agrícola de Montenegro, a estrutura das terras agrícolas e o desenvolvimento económico, *Наука. Мысль,* 4, 181 - 188.

80. Rajovic,G., Bulatovic,J., (2016), Some Demographic Changes in the Population of Montenegro with the Projection of Future Demographic Development, *Journal of Advocacy, Research and Education,* 5 (1), 23 - 28.

81. Rajovic,G., Bulatovic,J., (2016), Demographic Changes in the Population of Northern Region in Montenegro with Emphasis on Enterpreneurship: a Review, *Asian Journal of Social and Human Sciences,* 1 (1), 19 - 27.

82. Rajovic,G., Bulatovic,J., (2016), Demographic processes and trends: the case of northeastern Montenegro, *Russian Journal of Agricultural and Socio - Economic Sciences,* 3 (51), 14 - 29.

83. Rees, P., Bell, M., Kupiszewski, M., Kupiszewska, D., Ueffing, P., Bernard, A., ... Stillwell, J., (2016), The Impact of Internal Migration on Population Redistribution: an International Comparison, *Population, Space and Place*, Wiley Online Library.

84. Rees, P., Durham, H., Kupiszewski, M., (1996), "Internal migration and regional population dynamics in Europe: United Kingdom case study". Relatório preparado para o Conselho da Europa (Direção dos Assuntos Sociais e Económicos, Divisão de População e Migração) e para a Comissão Europeia (Direção-Geral V, Emprego, Relações Laborais e Assuntos Sociais, Unidade E1, Análise e Investigação sobre a Situação Social). Documento de trabalho 96/20.

85. Reich, M., Gordon, D. M., Edwards, R. C., (1973), A theory of labor market segmentation, *The American Economic Review*, 63 (2), 359 - 365.

86. Rodriguez, N., (2004), "Workers Wanted" Employer Recruitment of Immigrant Labor, *Work and Occupations,* 31 (4), 453 - 473.

87. Salt, J., (2006), International migration and the United Kingdom, Relatório do Correspondente SOPMI do Reino Unido junto da OCDE.

88. Salt, J., Clarke, J., (2004), International labor migration towards and within Europe, *Population studies,* 44, 9 -61.

89. >arovic, R., (2012), Migration of farmers in Montenegro (1948.-2011.), *Sociologija i prostor*, 50, 194 (3), 379 - 393.

90. Schuler, M., (2007), Migration patterns of the population in Kyrgyzstan, *Espace populations sociétés. Espaço populações sociedades,* 1, 73 - 89.

91. Skeldon, R., (2008), Migration and Development, Reunião do Grupo de Peritos das Nações Unidas sobre Migração Internacional e Desenvolvimento na Ásia e no Pacífico. Bangkok: Comissão Económica e Social das Nações Unidas para a Ásia e o Pacífico, Divisão da População, Departamento dos Assuntos Económicos e Sociais.

92. Skeldon, R., (2009), Doing Good or Doing Better. Development Policies in a Globalising World, capítulo Migration and development: contested consequences, Amesterdão: University Press.

93. Skeldon, R., (2014), Migration and development: A global perspective, Routledge.

94. Serviço de Estatística do Montenegro - Monstat (2008), Censos no Montenegro em 2003, Podgorica: Serviço de Estatística do Montenegro.

95. Serviço de Estatística do Montenegro - Monstat (2012), Censo da população, agregados familiares e habitações no Montenegro 2011, Podgorica: Anúncio número 83.

96. Serviço de Estatística do Montenegro - Monstat (2014), Migração interna no Montenegro em 2013. Anúncio 97, Podgorica: Departamento de demografia e recenseamento da população.

97. Stillwell, J., Daras, K., Bell, M., Lomax, N., (2014), The IMAGE Studio: a tool for internal migration analysis and modeling, *Applied Spatial Analysis and Policy,* 7 (*1*), 5 - 23.

98. Supic, N., (2005), Dependência da deslocalização do trabalho por micro-instrumentos de política regional: Conceptual and methodological approach, *Privredna izgradnja,* 48 (3-4), 171 - 186.

99. Switek, M., (2016), Internal migration and life satisfaction: well-being paths of young adult migrants, *Social Indicators Research*, 125(1), 191-241.

100. Todaro, M., (1976), Internal migration in developing countries - a review of theory, evidence, methodology and research priorities, Genebra: Gabinete do Trabalho Interno.

101. Todaro, M. P., (1969), A Model of Labour Migration and Urban Unemployment in Less Developed Countries, *The American Economic Review,* 59 (1), 138 - 148.

102. Thet, K. K., (2014), Pull and Push Factors of Migration: A Case Study in the Urban Area of Monywa Township, Myanmar, *News from the World of Statistics,* pp. 1 - 14.

103. Ullah, A. K., Ahsan,M., (2004), Bright City Lights and Slum of Dhaka city: Determinants of rural-urban migration in Bangladesh, *Migration letters*, 1 (1), 26 - 41.

104. Universidade da Letónia (2007), The Geographic Mobility of the Labour Force, Programa Nacional dos Fundos Estruturais da União Europeia, "Labour Market Research" o Projeto " WelfareMinistryResearch ". No. VPD1/ESF/NVA/04/NP/3.1.5.1./0003.

105. Vukcevic, M., (2016), The causes and characteristics of the Montenegrin emigration, Disponível em: htpp//www.dijasporacg.me (28.06 2017).

106. Vukovic, D., (2005), Migrations of the Labour Force from Serbia, *South-East Europe Review*, 4.

107. White, A., (2009), Internal migration, identity and livelihood strategies in contemporary Russia, *Journal of Ethnic and Migration Studies,* 35(4), 555 - 573.

CAPÍTULO 2

A sustentabilidade do tráfego no nordeste de Montenegro vista com valorização aceita as condições naturais com foco nas caraterísticas morfométricas do terreno.

PREÂMBULO

Os elementos de um meio geográfico estão especificamente inter-relacionados como um sistema espacial de acontecimentos particularmente dinâmico. O relevo é um dos elementos topográficos mais importantes. A influência do relevo emana das suas caraterísticas morfogenéticas, morfo-dinâmicas e morfo-métricas. As orientações numéricas e as análises quantitativas das análises escolhidas são extremamente importantes para a valorização das condições naturais. A investigação morfológica moderna e as apresentações de dados representam análises quantitativas do relevo escolhido, o que é muito importante para valorizar as condições naturais (Zivkovic e Valjerevic, 2013).

A nossa investigação baseada em estudos semelhantes Angelevska - Najdeska (2012) indica que a valorização do tráfego é uma questão muito complexa e importante não só na teoria do movimento, mas também na economia, na organização e em muitos outros sectores do desenvolvimento do tráfego. A avaliação do tráfego em todas as áreas de atividade e valorização do tráfego depende dos objectivos a atingir. Uma vez que os valores do tráfego podem ser afirmados e potenciais, a avaliação deve ser feita qualitativa e quantitativamente, de modo a obter os melhores resultados combinados. A problemática da gestão dos recursos de tráfego, e da gestão do tráfego, está a ganhar uma importância crescente no sentido de alcançar a componente integral da utilização rentável dos recursos de tráfego, a sua preservação ou utilização sem exploração e desenvolvimento (ver Pauwels e Gulinck, 2000; Jaarsma e Willems, 2002; Cao et al, 2006; Gao et al,2012). Por conseguinte, é necessário considerar a importância da sustentabilidade do tráfego no nordeste do Montenegro, tendo em conta a valorização das condições naturais, com enfoque nas caraterísticas morfométricas do terreno.

No "Relatório Brundtland" de 1987, o conceito de sustentabilidade foi originalmente definido da seguinte forma: Desenvolvimento sustentável é o desenvolvimento que satisfaz as necessidades do presente sem comprometer a capacidade das gerações futuras de satisfazerem as suas próprias necessidades" (Nações Unidas, 1987).

Este facto deu origem a muitas interpretações do conceito. O pressuposto geral tem sido que a sustentabilidade está relacionada com o "pensamento verde" e os objectivos ambientais. Para operacionalizar o conceito de sustentabilidade neste contexto, este foi combinado com planeamento e o planeamento sustentável foi definido como: metodologia de planeamento, em que todos os efeitos implícitos são pensados de forma a que todos os elementos sejam influenciados. Deste modo, procura-se um desenvolvimento que satisfaça todas as necessidades aparentes, sem impedir as possibilidades de as gerações futuras atingirem os seus objectivos" (Jeppesen e Pedersen, 2005).

O conceito de desenvolvimento sustentável (ver Parkin, 2000; Black et al, 2002; Mihyeon Jeon e Amekudzi, 2005; Litman e Burwell, 2006) implica um desenvolvimento económico, social e cultural equilibrado, sem pôr em perigo o ambiente em que as gerações futuras poderão desenvolver-se ao mesmo nível ou a um nível superior ao atual. Na tentativa de evitar o desenvolvimento do tráfego ad hoc para superar com sucesso as mudanças diárias que ocorrem num ambiente turbulento, o planeamento do desenvolvimento sustentável do tráfego é a única forma de o fazer com sucesso.

O desenvolvimento moderno, conclui Petrovic (2015), tem de se basear na utilização racional dos recursos naturais, com efeitos secundários mínimos e reversíveis para o ambiente em que se vive. Os problemas do ambiente em que vivemos têm de ser tratados globalmente, e o desenvolvimento económico tem de ser acompanhado de um aumento da qualidade de vida, com o mínimo de danos causados ao ambiente em que vivemos. Algumas das medidas prioritárias no domínio da proteção e da utilização sustentável dos recursos naturais no nordeste do Montenegro, no que diz respeito ao tráfego sustentável, exigem a adoção de um quadro legislativo e estratégico adequado no domínio da utilização sustentável dos recursos e bens naturais, da proteção do ambiente de vida, bem como a criação do sistema de investigação, a produção dos documentos planeados e a afirmação do ambiente de vida e das normas europeias.

Resumo: As crescentes preocupações ambientais e socioeconómicas devidas à rápida urbanização, ao crescimento demográfico e aos impactos das alterações climáticas motivaram os decisores a incorporar as melhores práticas sustentáveis no desenvolvimento e gestão das infra-estruturas de transportes. Uma infraestrutura de transportes "sustentável" implica que todos os objectivos de sustentabilidade sejam cumpridos de forma adequada durante o ciclo de vida da infraestrutura. As ferramentas de classificação de sustentabilidade mais avançadas contêm as melhores práticas para a avaliação da sustentabilidade de projectos de infra-estruturas (Umer et al, 2016). O objetivo da investigação foi definir uma base de desenvolvimento para a revitalização, melhoria e construção de infra-estruturas de transportes no município do nordeste do Montenegro, os municípios de Berane, Petnjica, Andrijevica, Plav e Gusinje. Neste artigo apontamos para a sustentabilidade do tráfego no nordeste do Montenegro analisada sob o aspeto da valorização das condições naturais com foco nas caraterísticas morfométricas do terreno.

Palavras-chave: Nordeste do Montenegro, tráfego, sustentabilidade, condições naturais, caraterísticas morfométricas

1. Introdução

A utilização do solo e os transportes Oduwaye et al (2011), citando o investigador Mitchell e Rapkin (1952), estão mutuamente interligados. A utilização do termo "uso do solo" baseia-se no facto de que, através do desenvolvimento, o espaço geográfico acomoda uma grande variedade de actividades humanas. A terra é uma medida conveniente do espaço, e a utilização da terra fornece um quadro de contabilidade espacial para o desenvolvimento e as actividades urbanas e rurais. A localização das actividades e a sua necessidade de interação criam a procura de transportes, enquanto a oferta de meios de transporte influencia a própria localização. Os usos do solo, em virtude da sua ocupação, geram necessidades de interação e estas necessidades são dirigidas a alvos específicos por meios de transporte específicos. "Foram efectuados vários trabalhos sobre a relação entre a utilização do solo e os transportes, a maioria dos quais se concentra nos países desenvolvidos do mundo. O grau desta relação tem sido estudado por muitos autores, entre os quais Kuzmyak e Pratt (2003), TRL (2004), Bento et al (2004) e Turcotte (2008). O transporte é um uso do solo em si mesmo e tem a particularidade de se relacionar intimamente com todos os outros usos do solo. Esta interação é compreendida quando os urbanistas e engenheiros são capazes de prever os tipos e localizações dos futuros transportes e usos do solo e padrões de viagem. Esta relação interactiva serve de base para a previsão da procura de viagens, que utiliza os resultados dos modelos de utilização do solo como entrada, assumindo que diferentes utilizações do solo geram diferentes níveis de atividade e de viagens" (Oduwaye et al , 2011).

O crescimento sustentável necessita de transportes sustentáveis, e os transportes sustentáveis, segundo Chakwizira et al (2016), citando a investigação de Kumar e Barrett (2008) e do Banco Mundial (2010), geram crescimento sustentável. Este duplo papel do sector dos transportes (ver Boschmann e Kwan, 2008; Buehler e Pucher, 2011; Black et al, 2002) está na base da sua importância para o desenvolvimento económico. Os países que não dispõem de uma infraestrutura de transportes funcional e sustentável não podem garantir o seu desenvolvimento a longo prazo. No novo milénio, é possível argumentar que a implantação de sistemas de transporte sustentáveis (ver Nagurney et al, 2010; Szeto et al, 2012; Li et al, 2012) e a sua manutenção estão no centro da nova agenda de desenvolvimento dos países em desenvolvimento. "A mobilidade sustentável pode ser definida como as iniciativas e intervenções destinadas a criar estruturas de transporte que satisfaçam a procura atual e prevista de mobilidade e acessibilidade e que permitam o desenvolvimento de uma economia dinâmica (ver Chakwizira, 2007; Chakwizira et al , 2011; Banco Mundial, 2010; Alhmedi et al, 2010; Penot et al, 2014; Cavuta e Di Matteo, 2016). Além disso, os sistemas de transportes sustentáveis, as medidas e as acções devem ser vistos como contribuindo explicitamente para a redução da pobreza, para o alargamento do acesso socioeconómico às oportunidades e para estar em sintonia com os objectivos globais do desenvolvimento sustentável" (Chakwizira et al, 2016). No nordeste do Montenegro, apenas o tráfego rodoviário é concebido, pelo que tem um potencial de transporte significativo.

Figura 1: Área de estudo (Rajovic, 2011 a).

Combinando factores favoráveis e limitantes no geo-espaço observado, podemos distinguir três áreas relativamente homogéneas para o desenvolvimento dos transportes. I ÁREA - está relacionada com Beranske,

Andrijevicka, Polimsku e Plavsko - vale Gusinjsku e as paisagens baixas Relevo de montanha central até 1100 m acima do nível do mar. Na zona podem distinguir-se unidades espaciais de nível hierárquico inferior: Subzona (A): planícies aluviais de rios, terraços fluviais, sedimentos lacustres dos vales de Beranske, Andrijevicke e Polimske: Subzona (B) que inclui o vale Plavsko - Gusinjska; Subzona (C) de paisagens de alta montanha de baixo relevo e paisagens de baixa altitude Central - relevo de montanha até 1.100 m acima do nível do mar. II ÁREA - relacionada com a faixa de 1100 - 1700 m acima do nível do mar e III ÁREA - compreende uma faixa de alta montanha acima de 1700 m acima do nível do mar.

A componente da acessibilidade territorial é analisada em função da causalidade mútua com outras componentes e de forma a apoiar a implementação de alguns projectos sectoriais: sustentabilidade (ambiente, bens naturais, aglomerados rurais e urbanos, e uso do solo), identidade (recursos naturais, redes de aglomerados) e competitividade (economia local) (ver Rajovic, 2005; Zirlewagen et al, 2007; Korolyuk e Ovechkin, 2010; Lebedeva et al, 2012). É dada especial atenção à coordenação horizontal e vertical na definição de soluções de planeamento tanto no nordeste do Montenegro como no ambiente regional mais vasto.

2. Metodologia de investigação

De acordo com Colonna et al (2012), algumas das principais questões que surgem da análise das interações entre o ordenamento do território e o planeamento dos transportes são: que limites (fronteiras) do sistema devemos considerar na análise (tanto no espaço como no tempo)? Além disso, quais são os pesos que devem ser atribuídos aos valores da diversidade cultural na análise dos processos e políticas de planeamento? Existem outras variáveis relevantes para o tema que não possam ser facilmente medidas através de um valor numérico ou da utilização de categorias predefinidas? (ver Colonna e Fonzone, 2002; Dunphy e Porter, 2006; Cao et al, 2007, Colonna, 2009; Litman e Steele, 2010). Estas questões podem ser respondidas através da utilização de diferentes métodos, de forma consciente ou não. "Na prática, os três métodos mais frequentemente adoptados são: A abordagem funcionalista, baseada na ideia de que os transportes e as suas infra-estruturas são apenas uma ferramenta para atingir um objetivo, supondo que os transportes são apenas uma atividade derivada, ou seja, uma função de outra necessidade primária. A abordagem ambientalista, baseada na ideia de que os seres humanos estão em conflito com o ambiente, que o ambiente deve ter prioridade e que, por conseguinte, os transportes e as suas infra-estruturas, sendo uma das principais causas de poluição, devem ser minimizados, absolutamente limitados e combatidos de todas as formas possíveis. A abordagem da lista de pessoas, que procura um equilíbrio entre os seres humanos e o ambiente, com o objetivo de alcançar formas de desenvolvimento que proporcionem respostas mais elevadas a todas as necessidades humanas de uma forma equilibrada, sem sacrificar o ambiente. Nesta abordagem, os transportes e as suas infra-estruturas não são apenas um instrumento, mas também a possibilidade direta de satisfazer uma necessidade humana real. Como tal, podem ser utilizados em conjunto com outras políticas (uso do solo) para moldar formas de comunidades que são naturalmente inclinadas a satisfazer as necessidades dos indivíduos sem esgotar a quantidade de recursos naturais e diversidade cultural, mas, se possível, aumentando a quantidade desses stocks" (Colonna et al, 2012).

Neste artigo, a abordagem (estritamente) ambientalista não será considerada, pois parece aos autores uma distorção utopista da realidade, que mesmo que de certa forma fascinante, implicaria uma contraposição entre o ambiente e os seres humanos. Todo o volume de informação deste artigo foi obtido através de métodos específicos para a investigação selectiva, respeitando todas as suas fases do ponto de vista metodológico: identificação da questão investigada, delimitação do quadro de investigação, recolha de informação, tratamento dos dados, análise e interpretação, elaboração das conclusões. A pesquisa também desempenhou um papel importante no artigo, que consistiu, por um lado, na identificação de outros estudos e artigos sobre o mesmo tema e, por outro, no tratamento de dados complementares de inquéritos realizados pelo autor deste artigo (ver Ljubisavljevic, 2008; Bogunovic, 1985; Rajovic, 2008; Rajovic, 2005; Rajovic, 2010 a; Rajovic, 2010 b; Rajovic, 2010 c, Rajovic, 2011 c). Assim, as fontes de informação utilizadas podem ser classificadas em fontes governamentais (ministeriais e de institutos de investigação) e em fontes não governamentais (publicações independentes). Neste texto, os resultados da investigação baseiam-se numa série de análises essencialmente qualitativas, por um lado, e numa série de raciocínios lógicos, por outro. A avaliação sumária das caraterísticas morfométricas em relação à construção de estradas é efectuada através do método de indexação (Rajovic, 2012 a; Rajovic, 2012 b; Rajovic, 2005).

3. Análise e discussão

Neste e em outros artigos relacionados, a sustentabilidade é mostrada do ponto de vista das condições naturais para o desenvolvimento do tráfego e é estudada do ponto de vista da teoria do sistema. Já foi provado que esta abordagem é eficaz e conduz a factos teóricos novos e interessantes. Como o planeamento urbano se tornou cada vez mais complexo, as ferramentas de apoio à decisão são essenciais para ajudar a alcançar o objetivo global da sustentabilidade. Existem dificuldades, tanto a nível teórico como prático, relacionadas com a aplicação da política no contexto dos aglomerados urbanos no nordeste do Montenegro. É necessário fornecer ferramentas de avaliação novas e mais eficazes aos decisores políticos, capazes de encontrar soluções imediatas e integradas para os problemas da aglomeração urbana.

Podem ser utilizados vários indicadores para descrever o funcionamento do sistema de uso do solo/transportes, que podem ser categorizados de várias formas. Os indicadores de uso do solo e de transportes podem ser agrupados de acordo com o ritmo a que mudam. De acordo com Geurs e Van Wee (2004), citando o investigador Wegener e Fürst (1999), foram identificadas quatro taxas de mudança: (1) mudanças muito lentas, referentes às redes de transporte e ao uso do solo, os elementos mais permanentes das estruturas físicas de uso do solo; (2) mudanças lentas, referentes às residências e edifícios não residenciais, que podem ter uma vida útil de até 100 anos e levam vários anos para serem construídos, desde o planeamento até à conclusão; (3) mudanças rápidas, referentes à distribuição das actividades, que podem mudar dentro de um ou mais anos e (4) mudanças imediatas, referentes aos volumes de transporte (e.(4) mudanças imediatas, que se referem aos volumes de transporte (por exemplo, em termos de passageiros e veículos-quilómetro) e à sua composição (ou seja, escolha do modo e do veículo) e distribuição no tempo e no espaço. As medidas de acessibilidade podem ser utilizadas para descrever o funcionamento do sistema de transportes ou do sistema combinado de utilização do solo/transportes. "De um modo geral, podem distinguir-se quatro tipos de medidas de acessibilidade para uma revisão das medidas de acessibilidade): (1) medidas de acessibilidade baseadas na infraestrutura, que descrevem o nível de serviço da infraestrutura de transportes (por exemplo, "nível de congestionamento" e "velocidade média de deslocação na rede rodoviária"); (2) medidas de acessibilidade baseadas na localização, que descrevem o nível de acessibilidade a actividades espacialmente distribuídas, como "o número de empregos a menos de 30 minutos de viagem dos locais de origem"; (3) medidas de acessibilidade baseadas na pessoa, que descrevem a acessibilidade a nível individual, por exemplo, "actividades em que a pessoa se encontra a menos de 30 minutos de distância dos locais de origem"; (4) medidas de acessibilidade baseadas na pessoa, que descrevem a acessibilidade a nível individual, por exemplo, "actividades em que a pessoa se encontra a menos de 30 minutos de distância dos locais de origem".(4) medidas de acessibilidade baseadas na utilidade, que analisam os benefícios (económicos) que as pessoas retiram do acesso às actividades espacialmente distribuídas. As medidas de acessibilidade baseadas nas infra-estruturas descrevem apenas o funcionamento do sistema de transportes, uma vez que este tipo de medida só é sensível a alterações nos transportes, ao passo que os outros tipos são sensíveis a alterações nos sistemas de utilização do solo e de transportes. Por outras palavras, uma alteração da acessibilidade pode resultar de alterações na utilização do solo, no tempo de viagem ou nos custos, ou em ambos" (Geurs e Van Wee, 2004). A revisão da literatura sobre a interação entre os transportes e a utilização do solo pode ser encontrada em Badoe e Miller (2000), Beimborn et al (2001), Schlossberg e Brown (2004), Ewing e Cervero (2001) e também em Gori et al (2012). Os estudos fornecem um exemplo da complexidade da ligação entre o uso do solo e o sistema de transportes, envolvendo um grande número de elementos sociais, económicos, técnicos e históricos que não são fáceis de medir e comparar.

A investigação de Mulmi (2009) indica que as infra-estruturas de transportes constituem uma base para as actividades económicas a longo prazo. Mas as consequências para o ambiente não podem ser negligenciadas apenas prevendo os benefícios económicos a longo prazo. A topografia difícil e a geologia instável dificultam a construção de estradas nas zonas rurais e montanhosas do nordeste do Montenegro. Para além disso, a pobreza absoluta predominante na região torna evidente a importância de uma abordagem adequada na construção de estradas rurais. Com a sua abordagem de construção de estradas rurais e de montanha que tem em conta o ambiente e as medidas de redução da pobreza rural, a abordagem rodoviária está a revelar-se uma forma sustentável de construção de estradas rurais e de montanha. As técnicas de construção respeitadoras do ambiente, a abordagem participativa e descentralizada, a utilização óptima dos recursos locais, a tecnologia simples, o reforço das capacidades locais e os esforços de autoajuda justificaram a abordagem rodoviária como a melhor forma de construir estradas rurais e de montanha no nordeste do Montenegro. Assim, no espaço geográfico do nordeste do Montenegro, ou seja, no caso dos municípios de Berane, Petnjica, Andrijevica, Plav e Gusinje[1], podemos distinguir três zonas hipsométricas (ver Rajovic, 2005).

Zona hipsométrica inferior - inclui a faixa altitudinal de 645 metros acima do nível do mar a 1100 metros acima do nível do mar, que pode ser considerada como limite superior indicativo dos benefícios do ponto de vista da construção de infra-estruturas de tráfego. Dentro da área estudada podem distinguir-se unidades espaciais de nível hierárquico inferior: sub-área de planícies aluviais de rios, terraços fluviais, sedimentos de lagos Beranske, Andrijevicke e vale Polimske que têm condições mais favoráveis para a construção de estradas. Dado que esta

[1]**O território do município de Petnjica observa no contexto do município de Berane, um território do município de Gusinje no contexto do município de Plav. Nomeadamente,** Petnjica obteve o estatuto de município em 2013, o município de Gusinje em 2014.

sub-área é dominada por declives de 1 - 3 ° as superfícies não expostas, e uma boa estrutura hipsométrica. A nossa investigação, baseada em estudos semelhantes de Brkljac et al (2016), indica que a envolvente direta destes complexos tem de responder a uma série de exigências que o utilizador pode ter no primeiro contacto com a aldeia urbana. Em relação a isso, o espaço em torno do próprio objeto tem de ser cuidadosamente planeado e concebido de modo a orientar, explicar, apresentar e criar um interesse por outras partes da aldeia urbana com os seus conteúdos e elementos urbanos. A qualidade da organização da envolvente direta, que representa a extensão do objeto e a tipologia do espaço público, é um fator de funcionalidade importante no caso das estações de tráfego de passageiros, e ajuda o objeto a responder completamente ao seu objetivo. A existência de parâmetros urbanísticos ordena que o espaço aberto seja moldado de acordo com as exigências que satisfaçam os efeitos desejados, pelo que o critério é crucial para a análise e valorização do ambiente urbano no nordeste de Montenegro. Conforme descrito por Gavrila (2012), a distribuição dos valores de energia da paisagem na área analisada é influenciada principalmente pela litologia e pela intensidade dos processos de erosão. O conhecimento dos valores de profundidade de fragmentação é necessário para identificar as áreas espectaculares com elevado grau de atratividade e os sectores favoráveis para o estabelecimento de infra-estruturas turísticas (estradas de acesso, trilhos, bases de alojamento, bases de recreio...).

As perturbações do fluxo de tráfego são típicas da metade do inverno. Dado que a espessura máxima média da cobertura de neve ao longo das estradas principais no vale do Lima não excede 50 cm em janeiro, quando a altura da neve e o maior número de dias com queda de neve dura de outubro a maio (quando a neve derrete em contacto com o solo), esta sub-região tem boas condições para o tráfego rodoviário (Rajovic e Bulatovic, 2012 a). A sub-região que inclui Plavsko - Gusinjska valey é caracterizada por declives de 0 - 3 °, exposição não exposta, faixa altitudinal até 948 metros acima do nível do mar. Precisamente devido à faixa altitudinal, esta subzona tem benefícios de classe II para a construção de infra-estruturas de transportes. Além disso, esta unidade espacial é caracterizada por um tráfego rodoviário difícil, a espessura máxima média do manto de neve ao longo das estradas principais pode atingir 131 cm. Subzona de paisagens de alta montanha com relevo baixo e paisagens baixas O relevo de montanha central até 1100 m acima do nível do mar tem comodidades de terceira classe para a construção de infra-estruturas de transportes (devido à cintura vertical, exposição norte e terreno adverso com inclinações moderadas e íngremes) (Rajovic e Bulatovic, 2012 b).

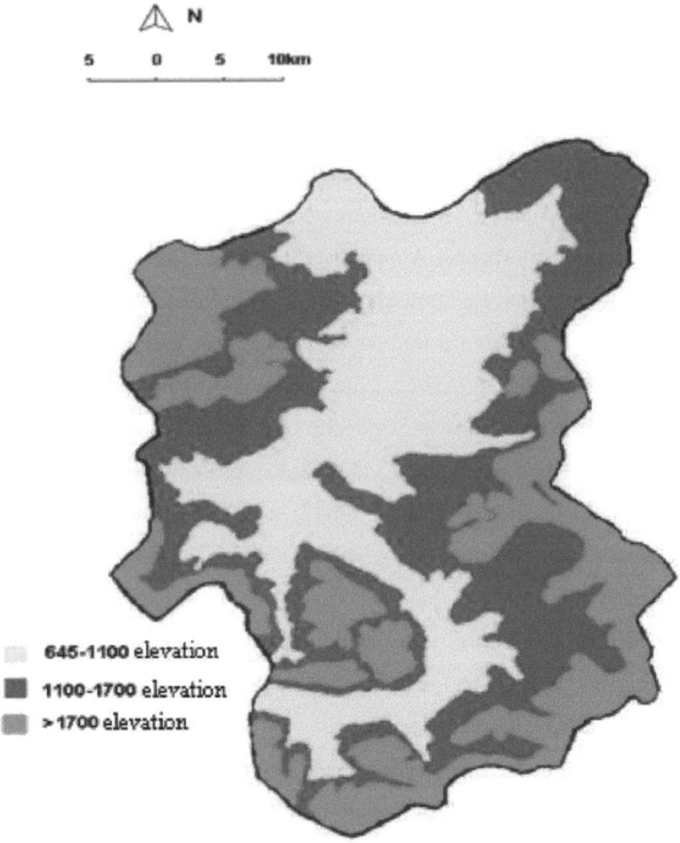

Figura 2: Zonas altitudinais no nordeste do Montenegro, com base no exemplo dos municípios de Berane, Petnjica, Andrijevica, Plav e Gusinje (Rajovic, 2008; Rajovic,2010 a; Rajovic, 2011 a).

Zona hipsométrica central - inclui a faixa altitudinal de 1100 metros de altitude a 1700 metros de altitude, do ponto de vista da construção de infra-estruturas de transporte desta zona pode definir-se como moderadamente favorável. Esta unidade espacial caracteriza-se por formas de relevo acentuadas com um declive de 12° a 20°. A erosão e a sedimentação do solo devem ser minimizadas através da utilização das seguintes práticas de controlo da erosão: (1) o empreendimento deve ser concebido de forma a adaptar-se às caraterísticas físicas do local, incluindo a topografia, os solos e os sistemas de drenagem naturais; (2) uma vez iniciadas as actividades de construção, a quantidade de área e a duração da exposição devem ser reduzidas ao mínimo; (3) devem ser utilizadas medidas temporárias de controlo da erosão durante a construção; (4) as áreas expostas ou perturbadas devido ao arranque da vegetação, à remoção do solo e a outras actividades devem ser permanentemente estabilizadas no prazo de seis meses após a ocupação e (5) a vegetação permanente e as medidas mecânicas de controlo da erosão devem ser instaladas o mais rapidamente possível após o fim da construção (ver Spalevic et al, 2016; Dekovic et al, 2016). A altura absoluta da neve nesta zona pode ser superior a 200 cm, o que constitui um sério obstáculo ao fluxo de tráfego. Especialmente em dobras ventosas, onde o vento forma grandes quantidades de neve que a maquinaria existente não consegue quebrar durante muito tempo (Rajovic, 2011 b; Rajovic e Bulatovic, 2012 c). De acordo com o meteorologista do Hydro - Service Yugoslavia (1978), o número médio de dias com cobertura de neve superior a 30 cm é de cerca de 30 dias a 1200 metros de altitude, enquanto que a altitudes superiores a 1500 metros acima do nível do mar, a sua duração é superior a 70 dias. O número de dias com neve superior a 50 cm a 1200 metros de altitude é de 13 dias, mas a 1500 metros de altitude é de 18 dias.

Zonas hipsométricas mais altas - inclui a faixa de alta montanha acima de 1700 metros de altitude. Esta zona é desfavorável do ponto de vista da construção de infra-estruturas de transporte porque as condições de relevo estão deterioradas. A estrutura dominante é a inclinação até 18° e a inclinação superior a 20°. Segundo o meteorologista do Hydro-Service da Jugoslávia (1978), nesta zona, a mais de 1700 metros acima do nível do mar, a cobertura de neve começa a formarse no início de outubro, e nesta zona ocupa quase metade do mês de junho, ou seja, oito a nove meses do ano. Só o número médio de dias com uma espessura de neve superior a 10 cm é superior a 150 dias a uma altitude de cerca de 2000 metros, e superior a 30 cm é de cerca de 160 dias.

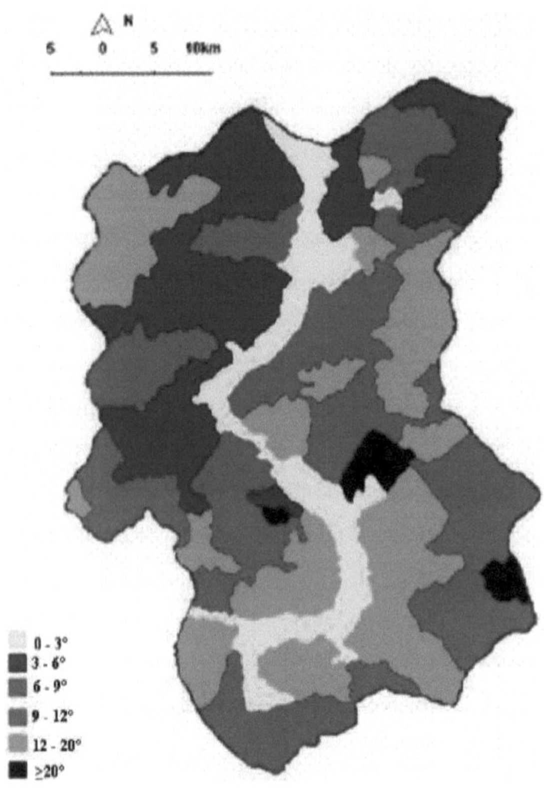

Figura 3: A estrutura dos declives no nordeste do Montenegro, com base no exemplo dos municípios de Berane, Petnjica, Andrijevica, Plav e Gusinje (Rajovic, 2011 a).

Do ponto de vista da construção de estradas, a escala de valores poderia ser avaliada da seguinte forma: declives de 1 a 3° - excelentes (5), declives até 1° - muito bons (4), declives de 4 a 7° - bons (3), declives de 8 - 15° - maus (2). Do ponto de vista de todos os aspectos da construção, as inclinações óptimas são suaves. O limiar superior das facilidades na construção de estradas é de 7° (12 %). A avaliação dos declives de inclinação dos grupos individuais entre os limiares extremos beneficia, condicionada pelas caraterísticas do relevo na geoárea considerada. Exposição do terreno que explica a exposição ao sol das superfícies do terreno. Os valores de exposição de acordo com as partes maiores e menores do mundo, são avaliados com base em estimativas das quantidades de efeitos de pontuação da luz solar, equações exponenciais calculadas para diferentes exposições (total de 8) e declives de 0 a 100 %. Esta avaliação indica que, na avaliação da exposição, é necessário estabelecer a seguinte sequência de valores: Sul - excelente (5), sem exposição - muito boa (4), Este - boa (3), Norte - má (2). A avaliação sumária das caraterísticas morfométricas em relação à construção de estradas é efectuada pelo método de indexação (ver Ljubisavljevic, 2008; Bogunovic, 1985; Rajovic, 2008). A classe de valor caraterístico é apresentada na Tabela 1. Em relação às condições para a construção de estradas são reduzidas as estimativas do declive (A) e da altura relativa (B), e a exposição é omitida porque têm pouca importância para a construção de estradas. As classes de conforto em relação ao tráfego de construção variam entre I (muito bom), II (bom), III (moderadamente favorável) e IV (desfavorável). Berane e Andrijevica obtiveram a classe I (muito bom), Plav II a classe (favorável) em relação à construção de infra-estruturas de transportes.

A investigação de Pojani e Stead (2015) indica que o aglomerado urbano de Berane tem recebido frequentemente uma atenção desproporcionada em relação a outros aglomerados urbanos do nordeste do Montenegro - Andrijevica e Plav - em matéria de sustentabilidade urbana. Nesta conclusão, os autores argumentam que é necessário um estudo sobre os aglomerados urbanos mais pequenos de Andrijevica e Plav e, recentemente, de Petnjica e Gusinje, para se conseguirem progressos substanciais no sentido de um desenvolvimento urbano mais sustentável, porque também oferecem um grande potencial para transformações sustentáveis. Em princípio, a sua dimensão permite flexibilidade em termos de expansão urbana, adoção de modos de deslocação "verdes" e proteção ambiental.

Ao mesmo tempo, os pequenos aglomerados urbanos dispõem frequentemente de menos recursos para aplicar novas medidas de transporte e podem ser mais vulneráveis às flutuações da economia nacional. Por conseguinte, em estudos futuros, é necessário centrar a atenção nas opções para transportes urbanos sustentáveis: (1) infra-estruturas rodoviárias; (2) transportes públicos ferroviários; (3) transportes públicos rodoviários; (4) apoio a modos de deslocação não motorizados; (5) soluções tecnológicas; (6) campanhas de sensibilização; (7) mecanismos de fixação de preços; (8) restrições de acesso de veículos; e (9) controlo da utilização dos solos. Com base em pesquisas internacionais e exemplos de políticas para reduzir os impactos ambientais do transporte em áreas urbanas, pesquisas futuras devem identificar algumas lições-chave para o tráfego urbano sustentável (Pojani e Stead, 2015).

Table 1: Indexação e classificação dos créditos de pontuação do declive (A) e da altura relativa (B) em relação à construção de infra-estruturas de transporte

AB	AB	AB	AB	AB	Class amenities
					IV
12	22	32	42	52	
13	23	33	43	53	III
14	24	34	44	54	II
15	25	35	45	55	
V	IV	III			I

Fonte: (Rajovic,2008; Rajovic, 2011 b).

Um quadro de avaliação especifica a estrutura básica de uma análise, de acordo com Litman (2001) e Litman (1995), incluindo os impactos que são considerados e a forma como são medidos e comparados. Um quadro de avaliação identifica geralmente O método de avaliação, como o custo-eficácia, o custo-benefício, a análise do custo do ciclo de vida... e os critérios de avaliação são os factores e impactos considerados numa determinada análise.

Table 2: Critérios de avaliação do impacto da utilização do solo

Económico	Social	Ambiental
Valor dos terrenos consagrados	Acessibilidade relativa	Espaço verde e
às instalações de transporte. Acessibilidade do uso do solo. Custos de transporte. Valores imobiliários. Danos causados por acidentes. Custos de prestação de serviços públicos. Desenvolvimento económico e produtividade. Custos de gestão das águas pluviais	para diferentes grupos de pessoas - impacto na equidade e nas oportunidades. Coesão comunitária. Acessibilidade da habitação. Recursos culturais (por exemplo, edifícios históricos). Acidentes de viação. Saúde pública (aptidão física). Impactos estéticos	habitat da vida selvagem. Impactos hidrológicos. Efeitos de ilha de calor. Consumo de energia. Emissões poluentes.

Fonte: (Litman, 2016).

De acordo com Litman (2016), sim, técnicas de modelagem, que prevêem como uma mudança de política ou programa afetará o comportamento de viagem e os padrões de uso da terra, e medem os benefícios e custos incrementais que resultam: um Caso base (também chamado de "não fazer nada"), as condições que ocorreriam sem a política ou programa proposto, unidades de referência, como custos por milha de pista, veículo-milha, passageiro-milha, viagem incremental no período de pico...., ano de referência e taxa de desconto, que indicam como os custos são ajustados para refletir o valor temporal do dinheiro, perspetiva e âmbito, como a gama geográfica de impactos a considerar, lidar com a incerteza, como a utilização de análises de sensibilidade ou testes estatísticos, como os resultados são apresentados, para que os resultados de diferentes avaliações sejam fáceis de comparar. Litman (2016) conclui que os impactos são avaliados utilizando um teste com e sem, que reflecte as condições que ocorreriam com ou sem uma determinada política ou projeto. Por exemplo, os impactos do alargamento de uma estrada são as mudanças incrementais que ocorreriam se o projeto fosse implementado. Esta análise requer a definição do cenário de base, as condições que ocorreriam se a política ou o projeto proposto não fosse implementado.

Com base nas caraterísticas morfométricas do relevo (ver Rajovic, 2010 a; Rajovic, 2010 b), no clima (ver Rajovic e Bulatovic, 2012 b), na água (ver Rajovic e Bulatovic, 2013; Rajovic e Bulatovic, 2014; Rajovic e Bulatovic, 2016) e caraterísticas do terreno (Rajovic, 2011 b), é possível no nordeste do Montenegro, no caso dos municípios de Berane, Petnjica, Andrijevica, Plav e Gusinje, separar áreas com diferentes benefícios para o desenvolvimento dos transportes (deve notar-se que os componentes individuais do potencial natural de mudança e num espaço pequeno).

Combinando factores favoráveis e limitantes no geo-espaço observado, podemos distinguir três regiões relativamente homogéneas para o desenvolvimento do transporte.

I ÁREA - está relacionada com os vales de Beransku, Andrijevicku, Polimsku e Plavsko - Gusinjsku e com as paisagens baixas de relevo montanhoso central até 1100 m acima do nível do mar. Dentro da zona podem distinguir-se unidades espaciais de nível hierárquico inferior: A subárea (A) planícies aluviais de rios, terraços fluviais, sedimentos lacustres Beranske, Andrijevicke e vale Polimske (ver figura 4) tem as condições mais favoráveis para o desenvolvimento dos transportes. Considerando que nestas áreas dominam declives de 1 - 3 °, as superfícies não expostas, uma boa estrutura elevada (a altura relativa do indicador de eficiência energética das infra-estruturas e a acessibilidade expressa dos transportes em comparação com as diferenças de altura superadas) e que a época de construção dura cerca de 260 dias, temos muito boas condições para a construção de estradas. Tal como e Brkljac et al (2016) e a nossa investigação mostra que, do ponto de vista urbano, existem várias caraterísticas do espaço no nordeste de Montenegro que têm de ser satisfeitas para que a envolvente seja funcional e adequadamente organizada. A estrutura física e todos os seus elementos exigem a implementação do planeamento para moldar as unidades ambientais adequadas à permanência de pessoas, passageiros, visitantes e turistas. As superfícies abertas em torno dos objectos de tráfego devem responder às necessidades de um grande número de utilizadores diferentes, que as utilizam periodicamente, diariamente ou pela primeira vez. Por essa razão, estes locais devem ser moldados de forma a que a sua expressão universal seja facilmente interpretada pela maioria dos utilizadores, sem perder o ambiente e a atração. As superfícies destas áreas podem ser divididas em três grupos básicos: superfícies de tráfego, livres e verdes. Cada uma delas contribui para o efeito geral que o espaço público tem sobre os seus utilizadores e deve ser organizada com base numa modelação planeada de todos os factores. Contêm diferentes elementos urbanos que influenciam a qualidade do espaço, a sua funcionalidade e interpretabilidade. A funcionalidade de todo o espaço no nordeste de Montenegro é de importância primordial para se encontrar o caminho nesse espaço. As superfícies de tráfego, incluindo os pontos de acesso para veículos motorizados e peões, os lugares de estacionamento e as paragens de transportes públicos têm de ser coordenados de modo a que os próprios objectos sejam fáceis de alcançar e as exigências do conceito sejam plenamente satisfeitas. A rede de deslocações nos locais de tráfego frequente e nós deste tipo tem de ser clara e simples. A deslocação num determinado espaço não deve ser interrompida por obstáculos de qualquer tipo. Zimon (2016), citando a investigação de Maes e Vanelslander (2012) e Martens (2007), indica que a experiência neerlandesa mostra que a utilização da bicicleta nas deslocações de acesso pode ser promovida através da simples disponibilização de parques de estacionamento para bicicletas suficientes e atractivos. O sucesso das experiências holandesas parece mesmo sugerir que as barreiras à mudança de comportamento nas viagens de acesso podem ser substancialmente mais baixas do que as que impedem a mudança geral de modo, talvez porque os utilizadores de transportes públicos são confrontados todos os dias com o inconveniente relativo das viagens de acesso. Além disso, o efeito de 'conformidade e pares' pode estar a funcionar aqui, uma vez que as instalações de estacionamento de bicicletas estão disponíveis e os primeiros viajantes começam a fazer uso delas, outros seguirão. Com alguma cautela, isto pode sugerir que a promoção da utilização da bicicleta nas viagens de acesso pode ajudar a aumentar o número de utilizadores de bicicleta em geral, introduzindo a bicicleta como um meio de deslocação quotidiana para novos grupos de viajantes. A experiência neerlandesa mostra que as melhorias no estacionamento de bicicletas podem ter um impacto especial nas estações com um elevado número de passageiros, uma elevada percentagem de trabalhadores pendulares e estudantes e densidades relativamente elevadas numa área de 3 a 4 km em redor da estação.

De acordo com Blais et al (2005) e Stanec (2013), o aumento da densidade tende a aumentar a eficiência dos custos de fornecimento de infra-estruturas e serviços públicos, reduzindo os comprimentos das estradas e das linhas de abastecimento e as distâncias de deslocação necessárias para serviços como a recolha de lixo e a resposta a emergências. Consequentemente, os custos per capita da prestação de um determinado nível de serviços tendem a diminuir com um desenvolvimento mais compacto, misto e interligado. As perturbações no fluxo de tráfego nesta subzona caracterizam-se principalmente pela metade do inverno. Tendo em conta que a espessura máxima média da cobertura de neve ao longo das principais estradas do vale do Lima não excede os 50 cm em janeiro, quando a altura da neve e o maior número de dias com queda de neve dura de outubro a maio (quando a neve derrete já em contacto com o solo), esta sub-região tem boas condições para o transporte rodoviário.

A sub-região (B), que inclui a bacia de Plav - Gusinje (ver figura 4), tem caraterísticas semelhantes às da sub-região anterior. Ou seja, é caracterizada pelo declive de 0 - 3 °, exposição não exposta e a sul e faixa altitudinal até 948 metros de altitude. Do ponto de vista do desenvolvimento dos transportes, esta sub-região é uma das classes II de terreno adequado (devido à faixa de altitude). Além disso, esta unidade espacial é caracterizada por um tráfego rodoviário dificultado, uma vez que a espessura máxima média do manto de neve ao longo das estradas principais pode atingir 131 cm. A espessura do manto de neve pode ser um obstáculo muito difícil para o tráfego, especialmente em aldeias ventosas, onde o vento forma grandes desvios que a maquinaria existente não consegue ultrapassar durante muito tempo. Ewing (1997) conclui que os custos de construção de infra-estruturas de transporte são os mais baixos nas zonas rurais, onde as famílias fornecem os seus próprios serviços, aumentam nas zonas suburbanas, onde os serviços são fornecidos a empreendimentos dispersos, diminuem com a formação de aglomerados, à medida que as densidades aumentam de baixas para moderadas, são mais baixos para a reconversão de terrenos em zonas com capacidade de infraestrutura adequada e aumentam com densidades muito elevadas devido ao congestionamento e aos elevados custos dos terrenos. Subzona (C) de paisagens de alta montanha com relevo baixo e paisagens baixas Relevo de montanha central até 1100 m acima do nível do mar (ver área de posicionamento - figura 4) do ponto de vista da construção de infra-estruturas de transportes tem uma classe III de benefícios (devido à cintura vertical e à exposição desfavorável a norte). Com razão, Sorensen et al (1998) concluem que os residentes rurais aceitam tradicionalmente uma menor qualidade dos serviços públicos, como estradas (frequentemente não pavimentadas), resposta a emergências (frequentemente voluntária) e parques (frequentemente poucos). A expansão urbana incentiva os residentes habituados a serviços urbanos a instalarem-se em zonas urbanas e a exigirem mais serviços. Appleyard et al (1981) salienta que existe uma correlação negativa entre o tráfego de veículos e as medidas de interação com os vizinhos, incluindo o número de amigos e conhecidos que os residentes têm na sua rua, e a área que consideram "território de origem", ou seja, o autor acima referido salienta que as actividades em que as pessoas se envolvem ou desejam envolver-se podem afetar a sua vulnerabilidade ao impacto do tráfego. Tantas destas actividades foram suprimidas que por vezes esquecemos que existem... As crianças que querem brincar e as pessoas que conversam, se sentam, passeiam, correm, andam de bicicleta, fazem jardinagem ou trabalham em casa e na manutenção de automóveis são todas vulneráveis à interrupção (pelo tráfego)... Um dos aspectos mais significativos e discutidos da vida na rua é a quantidade e a qualidade da vizinhança.

II ÁREA (ver figura 4) - relacionada com a faixa de 1100 - 1700 m acima do nível do mar em locais dissecados por vales fluviais profundamente clivados (ver Rajovic e Bulatovic, 2017). Esta entidade espacial é caracterizada por formas severas de relevo com inclinação de 12 ° a 20 ° (vale Visitora, Grebena, Trojana, Karaule, Vezirov brade, Bora, Kofiljace ...). As excepções são as zonas com declive de 3° - 9° ou 12° (Vlahovi, Duc, Turjak, Javoriste, Divjak). A época de construção nesta zona dura entre 230 e 250 dias, ou, para certas obras (por exemplo, trabalhos com betão), este período coincide com a duração do período sem geadas, que varia entre 67 e 117 dias. A altura absoluta da neve nesta zona pode ser superior a 200 cm, o quc constitui um sério obstáculo à circulação. Nos últimos vinte anos, os "transportes e viagens rurais e de montanha" estabeleceram-se cada vez mais como uma política de investigação e uma área de conhecimento no domínio mais vasto do planeamento dos transportes. Com base em vários estudos sistemáticos, Lema (2007) demonstrou que as estradas, por si só, não podem ter o impacto desejado no desenvolvimento social e económico das zonas rurais. Uma das principais razões foi a incapacidade das economias em desenvolvimento de manterem infra-estruturas alargadas. Razões mais profundas foram a falta de interfaces claras entre os meios de subsistência das comunidades locais e a justificação económica com base na qual as estradas foram construídas. Starkey e Njenga (2010) salientam, com razão, que boas estradas e pontes são fundamentais para o transporte rural e de montanha, mas o seu valor e impacto económico e social depende em grande medida dos serviços de transporte rural e de montanha que nelas operam. Embora a maioria das pessoas concorde que os serviços de transporte rural e de montanha são importantes, existem frequentemente poucas (ou nenhumas) políticas e estratégias proactivas para os melhorar. É necessária uma política informada, mas existe frequentemente uma lacuna na nossa compreensão de como os governos podem estimular e regular o sector privado (formal e informal) para melhorar os serviços de transporte (mais eficientes, mais acessíveis, mais frequentes, com maior capacidade, mais conforto, mais segurança...).

III ÁREA (ver figura 4) - compreende uma faixa de alta montanha acima de 1700 m acima do nível do mar (Prokletije, Bjelasicu, Komove, Visitor, Cmiljevicu e Mokru Mountain). Nesta zona, as condições térmicas e pedológicas deterioraram o relevo. O que quer dizer que esta área é adequada para a valorização turística é com infra-estruturas de transporte previamente construídas (ver Rajovic e Bulatovic, 2016 a).

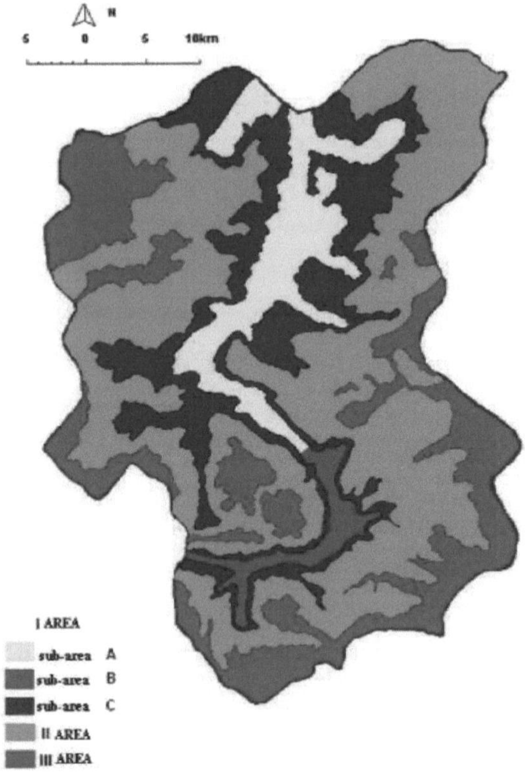

Figure 4: Posicionamento da área no nordeste do Montenegro com base no exemplo dos municípios de Berane, Petnjica, Andrijevica, Plav e Gusinje para o desenvolvimento do tráfego (Rajovic, 2005; Rajovic, 2011 a).

As evidências da nossa pesquisa, baseadas em pesquisas semelhantes Ristic et al (2013), indicam que, por outro lado, a valorização dos valores da área turística, seja natural ou antropogénica, é uma questão muito complexa e importante não só em termos teórico-metodológicos, mas também em termos práticos. Deste modo, o equipamento de transporte do espaço é definido como um fator externo muito importante no processo de avaliação turística. Os valores turísticos na III ÁREA não são devidamente valorizados devido, entre outros factores, ao reduzido grau de disponibilidade e à falta de qualidade da rede viária e de outros meios de transporte. O modelo de desenvolvimento policêntrico, com ênfase nos pólos de crescimento e nos eixos de desenvolvimento como direcções da atividade de desenvolvimento, é uma abordagem atual no planeamento espacial e regional. Processos semelhantes estão presentes durante o desenvolvimento de planos espaciais a nível local, onde as direcções de desenvolvimento estão predispostas para os factores físico-geográficos correlacionados com as direcções de tráfego. Os agentes económicos do município, cujas actividades diminuíram constantemente nas últimas duas décadas, registaram recentemente uma melhoria significativa, que é necessária para apoiar um sistema de transportes de alta qualidade. A condição prévia para uma melhor cooperação e complementaridade entre centros de áreas urbanas funcionais a nível regional é a existência de boas ligações de comunicação, principalmente de tráfego. Assim, podem ser criados corredores de desenvolvimento, que se tornarão portadores de um impulso evolutivo e da coesão do nordeste do Montenegro a todos os níveis, desde o local e regional até ao internacional.

Como Jurcevic et al (2012) enfatiza que o tráfego e turismo expira deve ser observado, analisado e coordenado em todas as suas alternativas, de uma forma comparativa, uma vez que os resultados do mesmo representam um impulso muito importante para o desenvolvimento da economia Montenegro. Para um maior desenvolvimento económico, especialmente no que diz respeito ao turismo e ao tráfego, bem como à sua ligação funcional, entre outras coisas, será necessário pessoal altamente profissional para que possa prestar um serviço turístico e de tráfego adequado. Desta forma, serão satisfeitas as condições prévias necessárias para o desenvolvimento do tráfego com o objetivo de incentivar o turismo no Montenegro.

A abordagem sociotécnica, de acordo com Xue et al (2014), citando o investigador Geels (2004), conceptualiza os sistemas de transporte rodoviário como um sistema sociotécnico, que é definido como uma configuração de um conjunto de elementos, incluindo tecnologia, política, mercados, práticas de consumo, infra-estruturas... necessárias para cumprir funções sociais, e destaca a co-evolução e as interações entre estes elementos, como mostra a Figura

5. Uma vez estabelecido o sistema sociotécnico coerente com a tecnologia dos VEI, este é estável e difícil de transformar. Esta estabilidade e dependência devem-se principalmente à inter-relação e complementaridade entre os elementos. Os elementos dependem uns dos outros para cumprirem as suas funções. Além disso, alguns elementos, como as instalações e as infra-estruturas de combustível, têm uma certa dureza, o que os torna difíceis de alterar. Uma vez criados, não são facilmente abandonados e alterados. Além disso, os interesses instalados no atual regime automóvel são resistentes a grandes mudanças, o que constitui outra importante fonte de inércia.

Figure 5: Configuração sócio-técnica do transporte rodoviário

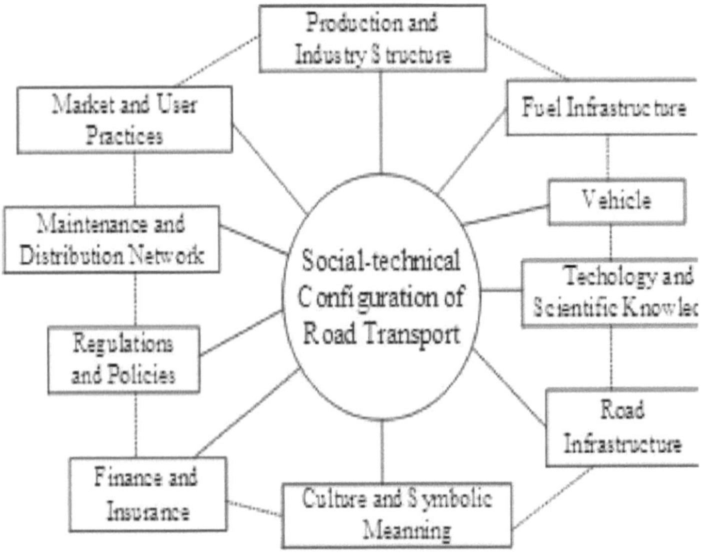

Fonte: Xue et al, 2014.

Strulak-Wójcikiewicz (2016), recorrendo à investigação de Madejski et al (1980), Wierzbicki (1975) e Hofman (1968), salienta a estreita relação dos sistemas de transporte com os sistemas económico, social e ecológico. Os sistemas acima referidos influenciam-se mutuamente e sobrepõem-se. As dependências mútuas e os seus efeitos são apresentados na Figura 6. "Por um lado, há as "expectativas" do sistema económico, social e ecológico em relação ao sistema de transportes (as tarefas resultantes das necessidades e dos recursos disponíveis). On the other hand, however, the transportation system influences the functioning of the other ones causing particular effects: economic effects (e.g. shortening of the transport time, lowering transport costs, construction, maintenance and operation costs, income from infrastructure service fees, etc.), efeitos sociais (por exemplo, aumento da mobilidade, crescimento da atividade económica resultante de uma melhor disponibilidade de transportes) e efeitos ambientais (por exemplo, poluição do ar, da água e do solo, ruído, vibrações, segurança rodoviária, impacto na preservação do património cultural, espécies vegetais e animais)" (Strulak - Wójcikiewicz, 2016).

Figure 6: A influência mútua dos sistemas individuais e os exemplos do impacto dos transportes nesses sistemas

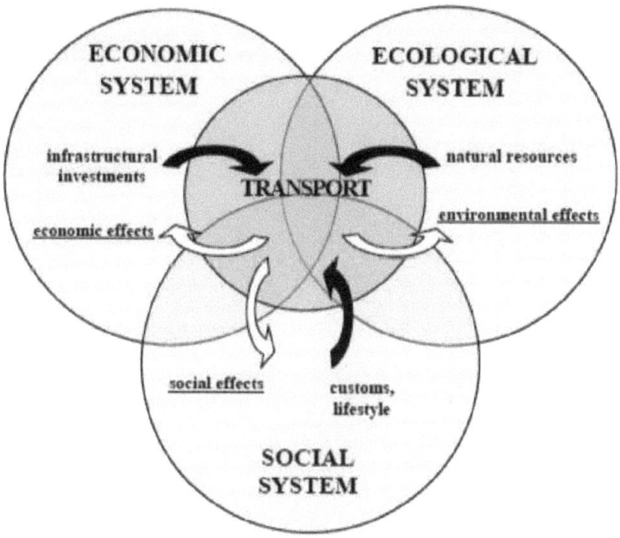

Fonte: Strulak-Wójcikiewicz (2016) de acordo com Schade e Rothengatter (1999) e Litman (2001).

Todos os efeitos acima referidos devem ser avaliados antes de se tomar uma decisão sobre a escolha de uma determinada variante de investimento no processo de avaliação do impacto ambiental. Numa abordagem moderna dos problemas relacionados com os transportes, recomenda-se que os efeitos inter-relacionados do crescimento dos transportes sejam tidos em igual consideração. Como resultado, o sistema analisado torna-se particularmente complexo, obrigando assim à aplicação de métodos de investigação específicos (Strulak - Wójcikiewicz ,2016). Por exemplo, Boltze e Tuan (2016) destacam que "como qualquer atividade planeada, a gestão do tráfego deve seguir um conceito de objetivo específico para o tráfego e os transportes. A Figura 7 (ver Rogall, 2009; Michalowski, 2011, Too, 2010; Schneider et al, 2012) apresenta um conceito hierárquico de objectivos, incluindo quatro objectivos superiores básicos: necessidades de mobilidade, segurança do tráfego, proteção ambiental e eficiência económica. Normalmente, há diferentes partes interessadas envolvidas na discussão de medidas para a gestão do tráfego, tais como o município, o público em geral, os viajantes, as empresas, os serviços urbanos e os empreiteiros. É importante notar que, normalmente, não há diferença entre as metas e os objectivos tal como são entendidos pelos diferentes intervenientes, mas o peso que dão a cada uma das metas e objectivos pode ser diferente, dependendo dos seus pontos de vista e perspectivas. Por conseguinte, é importante desenvolver um entendimento comum destes pesos para as metas e objectivos na nossa sociedade".

Figure 7: Um conceito de objetivo para os sistemas de tráfego e de transporte

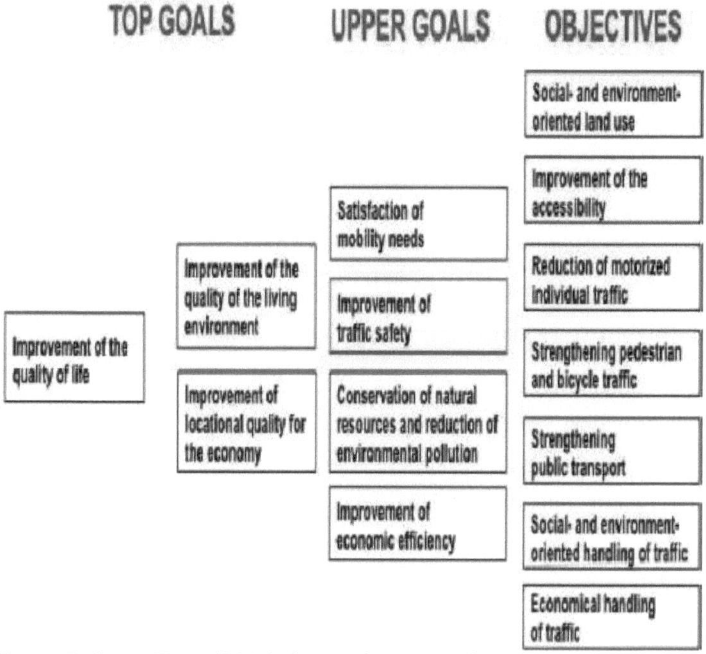

Fonte: Boltze e Tuan (2016) de acordo com Boltze (2013).

Os problemas de tráfego nos países desenvolvidos e em desenvolvimento exigem uma gestão sustentável do tráfego com metas e objectivos claramente predefinidos. Todos os países do mundo em desenvolvimento enfrentam problemas de tráfego, segurança, compatibilidade ambiental e eficiência económica. Os congestionamentos de tráfego, os acidentes de viação e a poluição ambiental estão a pôr em causa o desenvolvimento sustentável do Montenegro. A infraestrutura rodoviária do nordeste do Montenegro é limitada e está a crescer lentamente.

Estes problemas condicionam o crescimento económico e o desenvolvimento social do Montenegro. Ver para além de Boltze e Tuan (2016) - satisfação das necessidades de mobilidade, melhoria da segurança do tráfego, conservação dos recursos naturais e redução da poluição ambiental e melhoria da eficiência económica da cidade e da região.

Conclusão

Para melhorar a situação atual no nordeste do Montenegro em geral, é necessário compreender o padrão geral de utilização dos solos da cidade. "É necessário dar resposta ao seu padrão de utilização dos solos em expansão, adoptando o conceito de integração dos transportes e da utilização dos solos. O conceito de integração dos transportes e da utilização dos solos foi adotado em Curitiba, no Brasil, e mais tarde reproduzido em Nova Iorque com um êxito notável. Para além da integração da utilização dos solos com os transportes, é necessária uma gestão adequada da utilização dos solos através de planos de desenvolvimento, com vista a um planeamento e desenvolvimento saudáveis, favoráveis ao investimento e sustentáveis. A interação espacial entre os usos do solo deve ser estudada regularmente" (Oduwaye et al, 2011). Olhando para trás no tempo, somos diretamente afectados por decisões tomadas há séculos e milénios, mas o nosso pensamento sobre o futuro tende a ser mais limitado. As famílias e as comunidades geralmente só planeiam alguns anos ou décadas para o futuro; trinta ou quarenta anos é geralmente o limite. No entanto, a maioria das pessoas partilha um desejo humano básico de deixar um legado positivo para as gerações futuras, sem o qual não investiríamos na educação, em infra-estruturas duradouras ou na qualidade ambiental. Um princípio básico de um bom planeamento é que as decisões individuais de curto prazo devem refletir objectivos estratégicos de longo prazo. O planeamento da sustentabilidade fornece orientações para garantir que as decisões individuais equilibram os objectivos económicos, sociais e ambientais, tendo em conta os impactos indirectos, distantes e a longo prazo (Litman, 2011).

O estado das infra-estruturas de tráfego no nordeste do Montenegro determina em grande parte a possibilidade de realizar um sistema de tráfego eficiente e seguro. Por outro lado, a valorização das condições naturais, com destaque para as caraterísticas morfométricas do terreno, é uma questão muito complexa e importante, não só em termos teórico-metodológicos, mas também em termos práticos. Desta forma, o tráfego sustentável é definido como um fator muito importante no processo de desenvolvimento da economia. Os valores económicos no nordeste do Montenegro, como é o caso dos municípios de Berane, Petnjica, Andrijevica, Plav e Gusinje, não são adequadamente valorizados devido, entre outros factores, à pouca disponibilidade e falta de qualidade da rede rodoviária e de outros meios de transporte. O desenvolvimento planeado e as soluções permitem uma melhor ativação dos recursos de uma forma responsável e sustentável, tendo em conta as suas caraterísticas.

Mas as duas direcções estratégicas mais importantes que o Montenegro não deve associar ao ambiente não estão incluídas nas RTE-T. A direção Bar - Belgrado, que em todos os estudos e planos na região até aos anos 90 do século XX figurava como uma das rotas mais importantes para ligar o Mar Adriático à Europa Central (Bari - Bar - Belgrado - Budapeste), é completamente ignorada, e a autoestrada Adriático-Jónica, que liga sete países (Itália, Eslovénia, Croácia, Bósnia e Herzegovina, Montenegro, Albânia e Grécia), embora nos círculos profissionais tenha um estatuto privilegiado e seja apoiada por fortes argumentos económicos. A não inclusão das direcções estratégicas significativas acima mencionadas para ligar o Montenegro à região e à UE é um problema para garantir recursos financeiros para o desenvolvimento da infraestrutura rodoviária montenegrina, se tivermos em conta o facto de as autoridades dos projectos da UE nos corredores que a prioridade em relação a outros projectos, ou para reservá-los para os recursos financeiros dos fundos mais importantes da UE, bem como o apoio de instituições financeiras internacionais (Doderovic e Ivanovic, 2012).

Combinando factores favoráveis e limitantes no geo-espaço observado, podemos distinguir três áreas relativamente homogéneas para o desenvolvimento dos transportes. I ÁREA - está relacionada com os vales de Beranske, Andrijevicka, Polimsku e Plavsko - Gusinjsku e com as paisagens baixas de relevo montanhoso central até 1100 m acima do nível do mar. Dentro da zona podem distinguir-se unidades espaciais de nível hierárquico inferior: Subzona (A) planícies aluviais de rios, terraços fluviais, sedimentos lacustres dos vales de Beranske, Andrijevicke e Polimske: Subzona (B) que inclui o vale de Plavsko - Gusinjska; Subzona (C) de paisagens de alta montanha de baixo relevo e paisagens de baixa altitude Central - relevo de montanha até 1.100 m acima do nível do mar. II ÁREA - relacionada com a faixa de 1100 - 1700 m acima do nível do mar e III ÁREA - compreende uma faixa de alta montanha acima de 1700 m acima do nível do mar. De acordo com Doderovic e Ivanovic (2012), para além das razões gerais que falam a favor da necessidade da construção de infra-estruturas rodoviárias eficientes, existem razões específicas que apontam para o facto de as estradas existentes no nordeste do Montenegro se terem tornado inadequadas para a atual frequência de tráfego, que se reflecte especialmente nos meses de verão, e que limita o desenvolvimento económico e global do nordeste do Montenegro.

Os municípios do nordeste do Montenegro e o governo do Montenegro precisam de dispor de ferramentas de avaliação eficazes, para implementarem as suas políticas/acções, sendo assim capazes de fazer escolhas informadas, a fim de alterar o comportamento de sustentabilidade do tráfego rural e dos aglomerados urbanos. Naturalmente, os políticos reflectem o ponto de vista das pessoas e a sua prioridade nas questões ambientais "perceção dos factos". É necessário proporcionar uma nova e melhor compreensão do aumento da mobilidade e das suas consequências para os indivíduos e para a sociedade. Dado que o planeamento rural e urbano do tráfego sustentável se tornou cada vez mais complexo, as ferramentas de apoio à decisão são essenciais para ajudar a alcançar o objetivo global da sustentabilidade. Existem dificuldades, tanto a nível teórico como prático, relacionadas com a implementação de políticas no contexto da sustentabilidade do tráfego rural e urbano (ver Rajovic e Bulatovic, 2015; Rajovic e Bulatovic, 2016 a; Rajovic e Bulatovic, 2016 b; Rajovic e Bulatovic, 2016 c; Rajovic e Bulatovic, 2016 d; Rajovic e Bulatovic, 2016 e). É necessário fornecer ferramentas de avaliação novas e mais eficazes aos decisores políticos, capazes de encontrar soluções imediatas e integradas para as questões de sustentabilidade do tráfego rural e dos aglomerados urbanos no nordeste do Montenegro. Neste contexto, um conjunto normalizado de indicadores de desempenho permitiria analisar quantitativamente os efeitos das medidas políticas adoptadas (Kennedy et al., 2005).

Referências

1. Angelevska - Najdeska, K., (2012), Valorisation and Management of the tourist resources-A Condition for Sustainable Tourism Development, *Quaestus -Multidisciplinary Research Journal, Ohrid*, pp. 86 - 99.

2. Alhmedi, A., Haubruge, E., Francis,F.,(2010), Ecological restoration: context, constraints, and indicators, *Biotechnology, Agronomy, Society and Environment*, 14 (1), 203 - 211.

3. Appleyard, D., Gerson, S.M., Lintell,M.,(1981), Livable streets, Berkeley, University of California Press, pp. 35 - 39 .

4. Bento, A. M., Cropper, M. L., Mobarak, M. A., Vinha, K., (2004), The Impact of Urban Spatial Structure on Travel Demand in the United States, Documento de Trabalho do Grupo do Banco Mundial, Banco Mundial.

5. Black, J. A., Paez, A., Suthanaya, P. A., (2002), Sustainable urban transportation: performance indicators and some analytical approaches, *Journal of urban planning and development*, 128 (4), 184 - 209.

6. Badoe, D.A,, Miller, E.J., (2000), Transportation-land-use interaction: empirical findings in North America and their implications for modeling, *Transport Res*, D 5, 235 - 263.

7. Beimborn, E., Rabinowitz, H., Mrotek, C., Gugliotta, P., Yan, S., (1992), Transit-based approach to land use design, *Transp Res Rec*, 1349, 107 - 114.

8. Blais, M. J., Kimpe, E. L., McMahon, D., Keatley, E. B., Mallory, L. M., Douglas,S.M., Smol, P. J.,(2005), Arctic seabirds transport marine - derived contaminants, *Science*, 309, (5733), 445 - 445.

9. Bogunovic, D.,(1985), Study of natural conditions of the municipality Tesanj, Sarajevo, Institute for Architecture and Urban Planning , pp. 58 - 64.

10. Black, J. A., Paez, A., Suthanaya, P. A., (2002), Sustainable urban transportation: performance indicators and some analytical approaches, *Journal of urban planning and development*, 128 (4), 184 - 209.

11. Boltze, M., Tuan, V. A., (2016), Approaches to Achieve Sustainability in Traffic Management, *Procedia Engineering*, 142, 204 - 211.

12. Boltze, M., (2013), Planeamento de Transportes e Engenharia de Tráfego C. Palestras na VGU, HCMC, pp. 11- 27 .

13. Boschmann, E. E., Kwan, M. P., (2008), Toward socially sustainable urban transportation: Progress and potentials, *International Journal of Sustainable Transportation*, 2 (3), 138 - 157.

14. Brkljac, D., Milinkovic, A., Vukajlov, Lj.,(2016), Urban Analysis and Valorization of Space Around the Bus and Train Stations in Novi Sad, 4 International Conference, Modern developments in the construction industry, 22 April, Subotica, Serbia, pp. 797 - 804.

15. Buehler, R., Pucher, J., (2011), Sustainable transport in Freiburg: lessons from Germany's environmental capital, *International Journal of Sustainable Transportation*, 5 (1), 4370.

16. Cao, C. S., Chen, L., Gao, W., Chen, Y., Yan, M., (2006), Impact of planting grass on terrene roads to avoid soil erosion. *Paisagem e planeamento urbano*, 78 (3), 205 -216.

17. Cao, X., Mokhtarian, P., Handy, S., (2007), Examining the Impacts of Residential Self-Selection on Travel Behaviour: Methodologies and Empirical Findings, Institute of Transportation Studies, University of California, Davis.

18. Cavuta, G., Matteo Di, D.,(2016), Landscapes Procreation and Eco-Development: the Case Study of Gargano National Park, Italy, *GeoJournal of Tourism and Geosites,* 1 (17), 95 -101.

19. Chakwizira, J., (2007), The Question of Congestion & Decongestion in the Greater Johannesburg Area: Some Perspectives, 26 th Annual Southern African Transport Conference and Exhibition, Pretória, África do Sul, 9 - 12 de julho: pp. 499 - 747.

20. Chakwizira, J., Bikam, P., Adeboyejo, T. A., (2014), Sustainable transport solutions at a crossroads in developing countries: insights and perspectives, *WIT Transactions on The Built Environment*, 138, 593 - 604.

21. Chakwizira, J., Bikam, P., Dayomi, M., Adeboyejo, A.T.,(2011), Some Missing Dimensions of Urban Public Transport in Africa: Insights and Perspectives from South Africa. *The Built & Human Environment Review*, 4 (2), 57.

22. Colonna, P., (2009), Mobility and Transport for our tomorrow roads, *European Roads Review*, 14, 44 - 53.

23. Colonna, P., Berloco, N., Circella, G., (2012), The interaction between land use and transport planning: a methodological issue, *Procedia-Social and Behavioral Sciences*, 53, 84

- 95.

24. Colonna, P., Fonzone, A., (2002), Analysis of the interaction between road infrastructures and social-economic development, International Conference on Advances in Civil Engineering - ACE 2002, Kharagpur, India.

25. Dekovic,V.,Milosevic,N. ,Andelkovic,A. ,Durovic,N. ,Barovic,G. ,Vujacic,D.,Spalevic,V.,(2016), Mudanças na morfologia do canal no rio Pestan, Sérvia, *Journal of Environmental Protection and Ecology*,17(3),1203 -1213.

26. Doderovic, M., Ivanovic, Z., (2012), Road traffic in Montenegro, *Matica Crnogorska*, outono - inverno, pp. 473 - 492.

27. Dunphy, R. T., Porter R. D., (2006), Manifestations of Development Goals in Transit - Oriented Projects, *Transportation Research Record*, 1977, 172 - 178.

28. Ewing,R.,(1997), Is Los Angeles-style sprawl desirable? *Journal of the American planning association*, 63 (1), 107 -126.

29. Ewing, R., Cervero, R., (2001), Travel and the built environment - a synthesis, *Transport Res Rec: Journal of the Transportation Research Board,* 1780, 87 - 114.

30. Gao, H. J., Pan, Z. N., Yang, S. L., (2012), Estudo sobre a Avaliação da Alternativa de Planeamento da Rede de Estradas Rurais Menores na Base de Grãos Comerciais do Estado. Em *Pesquisa de Materiais Avançados* (Vol. 476, pp. 1496-1499). Publicações Trans Tech.

31. Geels, F. W., (2004), From Sectoral Systems of Innovation to Socio - technical Systems: Insights about Dynamics and Change from Sociology and Institutional Theory, in: Política de Investigação, 33 (6-7), 897 - 920.

32. Geurs, K. T., Van Wee, B., (2004), Land - use/transport interaction models as tools for sustainability impact assessment of transport investments: review and research perspectives. *European Journal of Transport and Infrastructure Research,* 4 (3), 333 - 355.

33. Gori, S., Nigro, M., Petrelli, M., (2012), The impact of land use characteristics for sustainable mobility: the case study of Rome, *European transport research review*, *4*(3), 153-166.

34. Gavrila,G.I.,(2012), The Importance of Morphometric Analysis in Highlighting the Touristic Attractiveness of North - West Dobrogea Landscape, *GeoJournal of Tourism and Geosites*, 1(9), 81 - 91.

35. Hofman, L., (1968), Ekonomika zeglugi sr0d⅛dowej w zarysie, Wydawnictwo Morskie, Gdynia, pp. 17 -19 .

36. Hydro - Service meteorologist Yugoslavia (1978), Climate Atlas Yugoslavia, Belgrado.

37. Jurcevic,M., Madunic, P., Tolusic,I.,(2012), Relations between Transport and Tourism-Croatia's Possibilities, *PROMET- Traffic&Transportation*, 18 (5), 369 - 378.

38. Jaarsma, C. F., Willems, G. P., (2002), Reducing habitat fragmentation by minor rural roads through traffic calming, *Landscape and Urban Planning*, 58 (2), 125 -135.

39. Jeppesen, S. L., Pedersen E. S.,(2005), Regional trafik planlægning frem mod 2015 - Visioner og metoder med udgangspunkt i 0resunds regionen, Centre of Traffic and Transport, the Technical University of Denmark, pp. 4.

40. Kennedy, C., Miller, E., Shalaby, A., Maclean, H., Coleman, J.,(2005), The four pillars of sustainable urban transportation, *Transport Reviews*, 25 (4), 393 - 414.

41. Korolyuk, T. V., Ovechkin, S. V., (2010), Approaches to modernization of the state soil map of Russia on the basis of the methods of digital soil mapping, *Eurasian Soil Science*, *43* (5), 488 - 498.

42. Kumar, A., Barrett, F., (2008), Stuck in Traffic: Urban Transport in Africa, Banco Mundial, Washington, DC, pp. 1 - 23.

43. Kuzmyak, R. J., Pratt, H. R., (2003), Land Use and Site Design: Traveler Response to Transport System Changes, Capítulo 15, Transit Cooperative Research Program Report 95, Transportation Research Board.

44. Lebedeva, I. I., Ovechkin, S. V., Korolyuk, T. V., Gerasimova, M. I., (2012), Soil-genetic zoning: principles, goals, structure, and applications, *Eurasian Soil Science*, *45* (7), 639 - 650.

45. Lema, C.,(2007), Makete Integrated Rural Transport Project: a case study of MIRTP and its impacts on rural transport policies in Tanzania, International Forum for Rural Transport and Development (IFRTD), Londres, pp. 24 - 31 .

46. Li, Z. C., Lam, W. H., Wong, S. C., Sumalee, A.,(2012), Environmentally sustainable toll design for congested road networks with uncertain demand. *Revista Internacional de Transportes Sustentáveis*, 6 (3), 127-155.

47. Litman, T., Steele, R., (2010), Land Use Impacts on Transport, How Land Use Factors Affect Travel Behavior; Victoria Transport Policy Institute, com Rowan Steele.

48. Litman, T., (1995), Evaluating Transportation Land Use Impacts, *World Transport Policy & Practice*, 1 (4), 9 -16.

49. Litman, T., (2001), What's It Worth: Economic Evaluation For Transportation Decision-Making, TAC Symposium on BenefitCost Analysis, pp. 28 - 31.

50. Litman, T.,(2011), Well measured, Developing indicators for comprehensive and sustainable transport planning, Victoria Transport Policy Institute, pp. 28 - 29.

51. Litman, T.,(2016), Evaluating Transportation Land Use Impacts - Victoria Transport, Victoria Transport Policy Institute, pp. 9 - 23.

52. Litman, T., Burwell, D., (2006), Issues in sustainable transportation, *International Journal of Global Environmental Issues*, 6 (4), 331 - 347.

53. LjubisavljeviC, S.,(2008), Urban ecology - ecological niche concept (tese de doutoramento), Belgrado, Faculdade de Ciências Naturais, pp. 64 - 87.

54. Mihyeon Jeon, C., Amekudzi, A., (2005), Addressing sustainability in transportation systems: definitions, indicators, and metrics, *Journal of infrastructure systems*, 11 (1), 31 - 50.

55. Madejski, M., Lissowska, E., Morawski,W.,(1980), Rozwój i integracja, WKiL, Warszawa, pp. 19 - 22 .

56. Maes,J., Vanelslander, T.,(2012), The usc of bicycle messengers in the logistics chain, concepts further revised, *Procedia - Social and Behavioral Sciences*, 39, 409 - 423.

57. Martens, K., (2007), Promoting bike-and-ride: The Dutch experience, *Transportation Research Part A: Policy and Practice*, 41 (4), 326 - 338.

58. Michalowski, A., (2011), Przestrzenne uslugi srodowiska swietle zalozen ekonomii zrównowazonego rozwoju, Problemy Ekorozwoju, 6 (2), 117 - 126.

59. Mitchell, R. B., Rapkin, C., (1954), Urban Traffic: a Function of Land Use, Columbia University Press, Nova Iorque.

60. Mulmi, A. D.,(2009), Green Road Approach in Rural Road Construction for the Sustainable Development of Nepal, *Journal of Sustainable Development,* 2 (3), 149 - 165.

61. Mosaberpanah, M. A., Khales, S. D., (2013), **O papel dos transportes no desenvolvimento sustentável. In *ICSDEC 2012: Developing the Frontier of Sustainable Design, Engineering, and Construction*, pp. 44-1-448.**

62. Nagurney, A., Qiang, Q., Nagurney, L. S., (2010), Environmental impact assessment of transportation networks with degradable links in an era of climate change, *International Journal of Sustainable Transportation*, 4 (3), 154 - 171.

63. Oduwaye, L., Alade, W., Adekunle, S., (2011), Land Use and Traffic Pattern along

Lagos - Badagry Corridor, Lagos, Nigéria, Proceedings REAL CORP, Change for Stability: Lifecycles of Cities and Regions, 18 - 20 de maio, pp. 525 - 532.

64. Parkin, S., (2000), Sustainable development: the concept and the practical challenge, In *Proceedings of the Institution of Civil Engineers - Civil Engineering* (Vol. 138, No. 6, pp. 3-8). Thomas Telford Ltd.

65. Pauwels, F., Gulinck, H., (2000), Changing minor rural road networks in relation to landscape sustainability and farming practices in West Europe, *Agriculture, ecosystems & environment*, 77 (1), 95 - 99.

66. Penot, E., Dabat, H. M., Rakotoarimanana, A., Grandjean, P.,(2014), Otimização da utilização dos recursos comuns na bacia do amendoim do Senegal: Uma avaliação ex-ante dos planos e alternativas de gestão sustentável, *Biotecnologia, Agronomia, Sociedade e Ambiente*, 18(3), 339 - 352.

67. Petrovic, Lj.,(2015), Spatial Development Analysis of the Danube Region in Serbia in the Function of Sustainable Development, Bulletin of the Serbian Geographical Society,4(4),141-150.

68. Pojani, D., Stead, D.,(2015), Sustainable urban transport in the developing world: beyond megacities, *Sustainability*, 7(6), 7784 - 7805

69. Rajovic, G., Bulatovic, J.,(2012 a), Climate as the Value of Agricultural of the Example Northeastern Montenegro, *American - Eurasian Journal of Agricultural & Environmental Sciences,* 12 (12), 1558 - 1571.

70. Rajovic, G., Bulatovic,J.,(2015 a), Different attitudes towards the quality of life concept, *Azerbaijanian Journal of Economics and Social Studies*, 4, 70 - 93.

71. Rajovic, G., Bulatovic,J.,(2015 b), Traffic Infrastructure as Precondition Development Tourism on the Mountain Katuns: Example of Municipality Andrijevica, *European Journal of Social and Human Sciences*, 7(3), 150 - 162.

72. Rajovic, G., Bulatovic,J.,(2016 a), Possibility of use of water in the economy of Montenegro, *Larhyss Journal*, 25, 7 - 30.

73. Rajovic, G.,(2010 a), Natural conditionals for development of tourism in North - Eastern Montenegro, *Industry*, 38 (4), 182 - 203.

74. Rajovic, G.,(2010 a), Structure and trends of soil usage in Montenegro, *Natura Montenegrina,* 9 (2), 205 - 214.

75. Rajovic, G.,(2012a), Alguns factores socioeconómicos de desenvolvimento do nordeste do Montenegro na construção ligeira da autoestrada Belgrado - Jadran do Sul, *Journal of Road and Traffic*, 58 (4).

76. Rajovic,G., (2010 a), Iinfrastucure tráfego e valorização morphmetrics alças para o tráfego nordeste Montenegro, *Journal of Road and Traffic*, 56 (2), 23 - 29.

77. Rajovic, G., Bulatovic, J.,(2012 c), Alguns factores económicos - geográficos desenvolvimento do exemplo áreas rurais nordeste Montenegro, *Russian Journal of Agricultural and Socio - Economic Sciences*, 9 (9), 3 - 20.

78. Rajovic, G., Bulatovic, J.,(2013), Water - economic problems in northeastern Montenegro, *Russian Journal of Agricultural and Socio - Economic Sciences*, 4 (16), 35 - 45.

79. Rajovic, G., Bulatovic, J.,(2014), Water geographic values Northeastern Montenegro, *Larhyss Journal*, 17(17), 115 - 133.

80. Rajovic, G., Bulatovic, J.,(2016 a), Agricultural Holdings in Montenegro - Structure, Labor Force, Use of Agricultural Land: a Review, *European Geographical Studies*, 11(3), 120 - 128.

81. Rajovic, G., Bulatovic, J., (2016 b), From Concept of the Region to Regional Image of Montenegro, *European Researcher. Série A,* 106 (5), 252 - 270.

82. Rajovic, G., Bulatovic, J.,(2016 c), Life as a geographical theme - one more contribution to the study of quality of life, *World Scientific News*, 28, 41 - 57.

83. Rajovic, G., Bulatovic, J.,(2016 d), Qualidade de vida em aldeias rurais de Montenegro - Gnjili Potok e Vranjestica: Case study, *Scientific Electronic Archives*, 9 (2), 23 - 35.

84. Rajovic, G., Bulatovic, J.,(2016 e), Theorecital approach to the study of quality of life in rural and urban settlements, *Annals of the University of Oradea - Geography Series*, XXVI (1), 5 - 24.

85. Rajovic, G.,(2005), Geographical basis for development of the economy of the Upper Polimlja, Belgrado, edição de autor, impressão "Vedes", pp. 29 - 34.

86. Rajovic, G.,(2008), Valorizations morphometric characteristics and specificities making a project plan for the construction of the Upper Polimlja, *Istrazivanje i razvoj,* 14 (28 - 29), 193 - 196.

87. Rajovic,G.,(2010 b), Traffic characteristic township Andrijevica, *Journal of Road* and Traffic, 56 (3), 47 - 53.

88. Rajovic,G.,(2011 a), Avaliação do uso do solo e caraterísticas de valorização do relevo morfométrico da agricultura do nordeste de Montenegro, *Anais da Universidade de Oradea - série geografia*, 1, 105 - 117.

89. Rajovic,G.,(2011 b), Abundância e principais caraterísticas dos tipos genéticos de terra no nordeste do Montenegro com especial ênfase na valorização dos aspectos económicos, *Indústria*, 39 (3), 261 - 280.

90. Rajovic,G.,(2011 c), The natural conditionals for development of traffic in Northeastern - Montenegro, *Journal of Road* and Traffic, 57 (1), 44 - 52.

91. Rajovic,G.,(2012 b), População e povoações do município de Andrijevica na construção ligeira da autoestrada Belgrado - Mar Adriático do Sul, *Journal of Road* and Traffic, 58 (2), 63 - 68.

92. Rajovic, G., Bulatovic, J.,(2016 a), Applying Sustainable Tourism Indicators to Community - Based Ecotourism Tourist village Eco - katun Stavna, *European Journal of Economic Studies,* 16 (2), 309 - 330.

93. Rajovic, G., Bulatovic, J.,(2017), Issues Regarding the Development of Recreational Fisheries: Case of the Rajova River, *Scholars' Press*, Saarbrucken, Germany.

94. Ristic, N., Lukic, B., Filipovic, D., Secerov, V.,(2013), Development of Transport Infrastructure as precondition of Economy and Turism Development - Case Study Municipality of Negotin, *Glasnik Srpskog Geografskog Drustva*, 3(3), 145 - 151.

95. Rogall, H., (2009), Nachhaltige Ökonomie: Ökonomische Theorie und Praxis einer Nachhaltige Entwicklung, Metropolis - Verlag, Marburg.

96. Schade, W., Rothengatter, W.,(1999), Long-Term Assessment of Transport Policies To Achieve Sustainability, 4 th European Congress on Systems Sience, Valancia , pp. 18.

97. Schneider, R. J., Henry, T., Mitman, M.F.. Stonehill, L., Koehler, J.,(2012), Desenvolvimento e Aplicação do Modelo de Volume de Intersecção Pedonal de São Francisco, *Registo de Investigação em Transportes: Journal of the Transportation Research Board*, 2299, 65 -78

98. Sorensen, A., Dixon, J. Esseks (1998), Living on the Edge: The Costs and Risks of Scatter Development, Dekalb, IL: American Farmland Trust e Northern Illinois University Center for Agriculture in the Environment, pp. 11 - 19.

99. Spalevic, V., Barovic, G.,, Fikfak, A., Kosanovic, S., Durovic, M.,, Popovic, S.,(2016), Sediment Yield and Land Use Changes in the Northern Montenegrin Watersheds:

Case Study of Seocki Potok of the Polimlje Region, *Journal of Environmental Protection and Ecology*, 17(3), 990 - 1002.

100. Stantec (2013), Quantifying the Costs and Benefits to HRM, Residents and the Environment of Alternate Growth Scenarios, Halifax Regional Municipality, pp. 7 - 9.

101. Starkey, P., Njenga, P.,(2010), Improving Sustainable Rural Transport Services: Constraints, Opportunities and Research Needs, In AFCAP Practitioners Conference paper, pp. 1 - 16.

102. Strulak - Wójcikiewicz, R.,(2016), Methods for assessing the influence of investments in transport infrastructure on the environment, *World Scientific News*, 48, 155 - 163.

103. Szeto, W. Y., Jaber, X., Wong, S. C., (2012), Road network equilibrium approaches to environmental sustainability, *Transport Reviews*, 32(4), 491-518.

104. Schlossberg, M., Brown, N., (2004), Comparing transit-oriented development sites by walk ability indicators, *Transport Res Rec: Journal of the Transportation Research Board*, 1887, 34 - 42.

105. Nações Unidas (1987), Development and international economic co-operation: Environment, Report of the World commission on Environment and development - note by the secretary-general, Quadragésima segunda sessão, ponto 83 (e) da agenda provisória, Nações Unidas, pp. 54.

106. Too, L., Earl, G., (2010), Public Transport Service Quality and Sustainable Development: A Community Stakeholder Perspective, *Sustainable Development*, 18, 51- 61.

107. TRL (2004), The Demand for Public Transit: A Practical Guide, Transportation Research Laboratory, Relatório TRL 593. Este documento de 240 páginas é uma análise detalhada dos factores que afectam a procura de transportes, incluindo factores demográficos e geográficos.

108. Turcotte, M., (2008), Dependence on Cars in Urban Neighborhoods: Life in Metropolitan Areas, Canadian Social Trends, Statistics Canada.

109. Umer, A., Hewage, K., Haider, H., Sadiq, R., (2016), Sustainability assessment of roadway projects under uncertainty using Green Proforma: Uma abordagem baseada em índice. *Revista Internacional de Ambiente Construído Sustentável*, *5* (2), 604 - 619.

110. Wegener, M., Fürst, F.,(1999), Land - Use Transport Interaction: State of the Art. Deliverable D2a do projeto TRANSLAND (Integration of Transport and Land use

Planning). Berichte aus den Insititut für Raumplanung 46, Universitat Dortmund, Insititut für Raumplanung, Dortmund.

111. Wierzbicki,T.,(1975), Podstawy informatyki transporcie, WKiL, Warszawa, pp. 31 - 35.

112. Banco Mundial (2010), Economic Cities as Ecological Cities, Banco Mundial, Washington D.C.

113. Xue, Y., You, J., Shao, L.,(2014), Understanding socio- technical barriers to sustainable mobility insights from Demonstration Program of EVs in China, *Problemy Ekorozwoju*, 1, 29 - 36.

114. Zimon,Z.,(2016), An Attitude of Subcarpathian's Residents to Sustainable Solutions for Urban Transport, *International Letters of Natural Sciences*, 50, 41 - 52.

115. Zirlewagen, D., Raben, G., Weise, M., (2007), Zoning of forest health conditions based on a set of soil, topographic and vegetation parameters, *Forest Ecology and Management*, 248 (1), 43 - 55.

116. Zivkovic, D., Valjarvic, A., (2013), Digital Analysis of Cartometric Fruska Gora, *Bulletin of the Serbian Geographical Society* , 3 (3),1 - 6.

Nome do ficheiro: ILNS 4
Diretório: D:\Cuvanje podataka\D particija\goran
Modelo: C:\Documentos e Definições\PC\Application Dados\Microsoft\Templates\Normal.dotm
Título:
Assunto:
Autor: PC
Palavras-chave:
Comentários:
Data de criação: 4/26/2017 10:36:00 AM
Número de alteração: 80
Salvo pela última vez 5/6/2017 5:38:00 PM
Salvo pela última vez PC
Tempo total de edição: 859 Minutos
Última impressão em: 5/8/2017 11:33:00 AM
A partir da última impressão completa
Número de páginas: 122
Número de palavras: 22.951
Número de caracteres: 130.502 (aprox.)

MIX
Papier aus verantwortungsvollen Quellen
Paper from responsible sources
FSC® C105338

Printed by Books on Demand GmbH, Norderstedt / Germany